建筑施工企业主要负责人、项目负责人、专职安全生产管理人员安全生产培训教材

建筑施工安全生产技术

（机　械）

建筑施工安全生产培训教材编写委员会　组织编写
住房和城乡建设部建筑施工安全标准化技术委员会　审　定

中国建筑工业出版社

图书在版编目（CIP）数据

建筑施工安全生产技术（机械）/建筑施工安全生产培训教材编写委员会组织编写．—北京：中国建筑工业出版社，2017.5

建筑施工企业主要负责人、项目负责人、专职安全生产管理人员安全生产培训教材

ISBN 978-7-112-20689-6

Ⅰ.①建…　Ⅱ.①建…　Ⅲ.①建筑工程-工程施工-安全技术-安全培训-教材　Ⅳ.①TU714

中国版本图书馆 CIP 数据核字（2017）第 084286 号

责任编辑：朱首明　李　明　李　阳　赵云波
责任校对：李欣慰　关　健

建筑施工企业主要负责人、项目负责人、专职安全生产管理人员安全生产培训教材
建筑施工安全生产技术
（机　械）
建筑施工安全生产培训教材编写委员会　组织编写
住房和城乡建设部建筑施工安全标准化技术委员会　审　定

*

中国建筑工业出版社出版、发行（北京海淀三里河路 9 号）
各地新华书店、建筑书店经销
北京红光制版公司制版
北京富生印刷厂印刷

*

开本：787×1092 毫米　1/16　印张：12¼　字数：306 千字
2017 年 5 月第一版　　2019 年 10 月第八次印刷
定价：**33.00 元**
ISBN 978-7-112-20689-6
（30353）

版权所有　翻印必究
如有印装质量问题，可寄本社退换
（邮政编码 100037）

建筑施工安全生产培训教材编写委员会

主　编：阚咏梅

副主编：李　贺　艾伟杰

编　委：（按姓氏笔画为序）

　　　　田　斌　　曲　斌　　刘传卿　　刘善安　　李雪飞　　张囡囡　　张庆丰

　　　　张晓艳　　苗云森　　徐　静　　曹安民　　潘志强

审　定　委　员　会

主　任：李守林

副主任：王　平

委　员：（按姓氏笔画为序）

　　　　于卫东　　于洪友　　于海祥　　马奉公　　王长海　　王凯晖　　王俊川

　　　　牛福增　　尹如法　　朱　军　　刘承桓　　孙洪涛　　杨　杰　　吴晓广

　　　　宋　煜　　陈　红　　罗文龙　　赵安全　　胡兆文　　姚圣龙　　秦兆文

　　　　阎　琪　　康　宸　　扈其强　　葛兴杰　　舒世平　　曾　勃　　管小军

　　　　魏吉祥

前　言

为贯彻"安全第一、预防为主、综合治理"的安全生产方针，依据《中华人民共和国安全生产法》和《建设工程安全生产管理条例》等法律法规的规定，建筑施工企业主要负责人、项目负责人和专职安全生产管理人员必须经考核合格。为了加强安全管理意识、提升安全管理能力，根据《住房城乡建设部关于印发〈建筑施工企业主要负责人、项目负责人和专职安全生产管理人员安全生产管理规定实施意见〉的通知》（建质［2015］206号）的规定，在总结建筑施工经验和专家意见和建议的基础上编写本书。

本书编写依据建设行业特点，紧密结合国家现行标准规范。主要内容包括：起重吊装、土方与筑路机械、垂直和水平运输机械、混凝土机械、木工机械、钢筋机械、桩工机械、施工现场消防管理、季节性施工以及机械伤害事故案例等。

本书编写中力求具有规范性、针对性、实用性，内容通俗易懂，适合建筑施工企业"安管人员"培训使用，也适合相关专业人员自学使用，并可作为大专院校师生的参考用书。

本书由张庆丰、苗云森、阚永梅编写，在编写过程中参考了大量资料，对这些资料的作者，一并表示感谢！

本书虽经推敲核证，仍难免有疏漏或不妥之处，恳请各位同行提出宝贵意见。

目 录

1 起重吊装 ··· 1
   1.1 常用索具、吊具 ·· 2
   1.2 常用起重机具 ··· 10
   1.3 常用行走式起重机械 ··· 21
   1.4 构件与设备吊装 ·· 27
   1.5 物体吊点选择的原则 ··· 37

2 土方与筑路机械 ·· 41
   2.1 概述 ··· 42
   2.2 推土机 ··· 43
   2.3 铲运机 ··· 45
   2.4 装载机 ··· 48
   2.5 挖掘机 ··· 50
   2.6 压路机 ··· 52
   2.7 平地机 ··· 53
   2.8 盾构机 ··· 54
   2.9 蛙式打夯机 ·· 60
   2.10 水泵 ··· 61

3 垂直和水平运输机械 ··· 65
   3.1 塔式起重机 ·· 66
   3.2 施工升降机 ·· 84
   3.3 物料提升机 ·· 93
   3.4 机动翻斗车 ·· 99
   3.5 龙门吊 ··· 100
   3.6 高处作业吊篮 ··· 102
   3.7 附着式升降脚手架 ·· 104

4 混凝土机械 ·· 107
   4.1 混凝土搅拌机 ··· 108
   4.2 混凝土搅拌车 ··· 111
   4.3 混凝土泵和混凝土泵车 ··· 113
   4.4 混凝土振动机械 ·· 114

4.5　滑模和升板机械 …………………………………………………… 118

5　木工机械 …………………………………………………………………… 123
　　5.1　锯割机械 …………………………………………………………… 124
　　5.2　刨削机械 …………………………………………………………… 126
　　5.3　轻便机械 …………………………………………………………… 128

6　钢筋机械 …………………………………………………………………… 133
　　6.1　钢筋强化机械 ……………………………………………………… 134
　　6.2　钢筋加工机械 ……………………………………………………… 136
　　6.3　钢筋焊接机械 ……………………………………………………… 138
　　6.4　钢筋预应力机械 …………………………………………………… 140

7　桩工机械 …………………………………………………………………… 143
　　7.1　概述 ………………………………………………………………… 144
　　7.2　桩架 ………………………………………………………………… 145
　　7.3　柴油打桩锤 ………………………………………………………… 146
　　7.4　振动桩锤 …………………………………………………………… 146
　　7.5　静力压桩机 ………………………………………………………… 147

8　施工现场消防管理 ………………………………………………………… 149
　　8.1　防火基本知识 ……………………………………………………… 150
　　8.2　施工现场平面布置 ………………………………………………… 151
　　8.3　施工现场消防设施 ………………………………………………… 153
　　8.4　施工现场防火安全管理 …………………………………………… 157

9　季节性施工 ………………………………………………………………… 167
　　9.1　雨期施工 …………………………………………………………… 168
　　9.2　冬期施工 …………………………………………………………… 176

10　机械伤害事故案例 ………………………………………………………… 185
　　10.1　事故概况 …………………………………………………………… 186
　　10.2　现场查勘 …………………………………………………………… 186
　　10.3　技术分析 …………………………………………………………… 187
　　10.4　事故分析结论 ……………………………………………………… 189
　　10.5　建议 ………………………………………………………………… 189

参考文献 ……………………………………………………………………… 190

1　起重吊装

本章要点：吊装用绳、吊钩、卸扣等常用的吊具和索具的作用、分类、选择、使用和保养，滑轮、手拉捯链、千斤顶、卷扬机、地锚、拔杆等起重机具的安全装置和使用要求等；履带式、轮胎式起重机械以及构件和设备的吊装等内容。

1.1 常用索具、吊具

1.1.1 吊装用绳

1. 麻绳（白棕绳）

（1）麻绳的作用与特点

麻绳在建筑工地应用广泛，起重作业中主要用于起吊轻型构件（如钢支撑）和作为受力不大的缆风绳、溜绳、捆绑物体绑扎绳等，还可用来作为辅助作业的牵拉溜绳和起吊小于500kg构件的吊绳。当起吊物体或重物时，麻绳拉紧物体，以保持被吊物体的稳定和在规定的位置就位。麻绳具有质地轻软，使用方便，易于捆绑、结扣及解脱方便等优点。缺点是强度低，只有相同直径钢丝绳的10%左右；易磨损，受潮易腐烂、霉变，使用中应避免受潮，新旧麻绳强度变化大等。

（2）麻绳分类

麻绳按拧成的股数，可分为三股、四股和九股；按浸油与否，又分素绳和浸油麻绳两种。

（3）麻绳使用要点及注意事项

1）因麻绳强度低，容易磨损和腐蚀，因此只能用于手动起重设备、临时性轻型构件吊装作业中捆绑物件和受力不大的缆风绳、溜绳等。机动的机械一律不得使用麻绳。

2）麻绳穿绕滑车时，滑轮直径应大于绳子直径的10倍，绳子有接头时严禁穿过滑轮。避免损伤麻绳发生事故，长期在滑车上使用的白棕绳，应定期改变穿绳方向，使绳磨损均匀。

3）成卷麻绳在拉开使用时，应先把绳卷平放在地上，将有绳头的一面放在底下，从卷内拉出绳头（如从卷外拉出绳头，绳子容易扭结），然后根据需要的长度切断，切断前应用钢丝或麻绳将切断口两侧扎紧，以防止切断后绳头松散。

4）捆绑中遇有棱角或边缘锐利的构件时，应垫以木板或软性衬垫（如麻袋等物）以免棱角损伤绳子。

5）麻绳应放在干燥和通风良好的地方，不要和油漆、酸、碱等化学物品接触，以防腐蚀。

6）使用麻绳时应尽量避免在粗糙的构件上或地上拖拉，并防砂、石屑嵌入绳的内部磨伤麻绳。

7）在使用过程中，发生扭结，应立即抖动使其顺直，否则，绳子带结受力会断裂。如有局部受伤的麻绳，应切去损伤部分。

8）当绳长度不够时，不宜打结接头，应尽量采用编结接长。编结绳头绳套时，编结前每股头上应用细绳扎紧，编结后相互搭接长度：绳套不能小于麻绳直径的15倍，绳头接长不小于30倍。

9）有绳结的麻绳不应通过狭窄的滑车，以免受到挤压而影响麻绳的使用。

10）使用中，不得超过其许用拉力。

（4）麻绳的允许拉力计算

1) 麻绳的允许拉力，即为麻绳使用时允许承受的最大拉力，它是安全使用麻绳的主要参数。为保证起重作业安全，须对所使用的麻绳进行强度验算，其验算公式如下：

$$\sigma = \rho/k$$

式中　σ——麻绳的允许拉力（kN）；
　　　ρ——最低断裂拉力，根据麻绳品种及直径而定，旧麻绳的破断拉力取新绳的40%～50%；
　　　k——麻绳的安全系数，见表1-1。

麻绳的安全系数　　　　　　　　　　　　　　　　　　表1-1

用途		安全系数 k
一般吊装	新绳	3
	旧绳	6
作吊索、缆风绳和穿滑轮组	新绳	3
	旧绳	12
重要的起重吊装（新绳）		10

2) 在施工现场，无资料可查时，可用下列经验公式求其近似值：

$$破断负荷 = 58.8 \times d^2 (\text{N})$$
$$安全负荷 = 9.8 \times d^2 (\text{N})$$

式中　d——麻绳的直径（mm）。

3) 麻绳的允许拉力一般可采用下列经验公式估算：

麻绳负荷能力的估算，麻绳可以承受的拉力 S（负荷能力）用下式估算：

$$S \leqslant \pi d^2/4\sigma$$

式中　S——麻绳能承受的拉力（N）；
　　　d——麻绳的直径（mm）；
　　　σ——麻绳的许用应力（MPa），见表1-2。

麻绳的许用应力（MPa）　　　　　　　　　　　　　表1-2

种类	起重用	捆绑用
综合麻绳	5.5	5
白棕绳	10	5
浸油麻绳	9	4.5

2. 化学纤维绳

除了常规麻绳外，目前有各种规格的化学纤维绳，也可用于吊装及辅助作业。化学纤维绳又称尼龙绳、合成纤维绳，目前多采用锦纶、涤纶、丙纶、维尼纶、聚乙烯、绝缘蚕丝等几种纤维材料合制而成，可以作吊装0.5～100t重物用绳。吊绳长度可根据需要由厂家定做。

（1）化学纤维绳的作用

化学纤维绳是由高性能纤维，经过特定工艺加工由"锦纶、涤纶、丙纶"合成为高分子强力绳，是目前强度最高的绳索。该绳索的出现取代了对传统钢丝绳的应用，是理想的钢丝绳换代产品。它被广泛应用于结构、设备安装等，安装表面光洁的钢构件、设备、软金属制品、磨光的销轴或其他表面不允许磨损的物体。防静电长丝绳可用于有防火要求的场合。

（2）化学纤维绳的分类

1）按制作方式分，可分为编织绳和绞制绳两大类。

2）按使用情况分：分为空心绳、耐酸绳、耐碱绳、防火绳、阻燃绳、安全绳、防护绳、吊绳、缆绳、牵引绳、吊装绳、绝缘绳、电工放线绳。

3）按专业特点分：有迪尼绳、芳纶纤维绳。可用于吊索、悬索、缆绳索、船舶缆索。

（3）化学纤维绳特点

1）强度大：比同等直径钢丝绳强度高1.5倍左右。

2）重量轻：能浮于水面，它的吸水率只有4%，比同等直径钢丝绳轻85%左右。

3）抗腐蚀：优异的耐用性，耐海水、耐化学药品、耐紫外线辐射、耐温差反复等。

4）易操作：直径小，强度高，重量轻，便携带，易操作，在特定情况下能明显提高其机动、快速反应能力，且抗水、抗虫、承受压力均匀。

5）弹性好：具有质地柔软，能减少冲击的优点。

6）对温度的变化较敏感，不要放在潮湿的地面或强烈的阳光下保存。不能使用于高温场所。

7）轻便、快捷、耐磨，碰撞不会产生火花。

（4）化学纤维绳注意事项

化学纤维绳具下列情况之一时，不宜再继续使用：已断股者；有显著的损伤或腐蚀者。

3. 钢丝绳

（1）钢丝绳的概念

钢丝绳的材料是由一定数量高强度碳素钢丝，一层或多层的股绕成螺旋状而形成的结构。合成单股即为绳。钢丝绳的丝数越多，钢丝直径越细，柔软性越好，强度也越高，但没有较粗的钢丝耐磨损。

钢丝绳强度高，弹性大，韧性好，耐磨损，能够灵活运用，能承受冲击性荷载，工作可靠，在起重吊装工程中得到广泛应用。可用作起吊、牵引、捆绑绳等。

起重机用钢丝绳保养、维护、安装、检验和报废要满足现行国家标准《起重机 钢丝绳 保养、维护、检验和报废》GB/T 5972的规定。

（2）钢丝绳的分类

钢丝绳总的分类分为圆股钢丝绳、编织钢丝绳和扁钢丝绳。其中圆股钢丝绳又可按以下方法进一步分类：

1）按结构分：普通单股钢丝绳、半密封钢丝绳、密封钢丝绳、双捻（多股）钢丝绳及三捻钢丝绳（钢缆）。

2）按直径分：细直径钢丝绳，直径小于8mm的钢丝绳；普通直径钢丝绳，直径为8～60mm的钢丝绳；粗直径钢丝绳，直径大于60mm的钢丝绳。

3）按用途分：一般用途钢丝绳（含钢绞线）、电梯用钢丝绳、航空用钢丝绳、钻探井设备用钢丝绳、架空索道及缆车用钢丝绳、起重用钢丝绳。

4）按表面状态分：包括光面钢丝绳、镀锌钢丝绳、涂塑钢丝绳。

5) 按股的断面形状分：包括圆股钢丝绳、异形股钢丝绳。

6) 按捻制特性分：包括点接触钢丝绳、线接触钢丝绳和面接触钢丝绳。

7) 按捻法分：包括右交互捻、左交互捻、右同向捻、左同向捻和混合捻。

8) 按绳芯分：包括纤维芯和钢芯；纤维芯应用天然纤维（如剑麻、棉纱）、合成纤维和其他符合性能要求的纤维制成；钢芯（又称金属芯）分独立的钢丝绳芯和钢丝股芯。

（3）钢丝绳的选择

选用钢丝绳要合理，不准超负荷使用。选择钢丝绳的品种结构，鉴于线接触钢丝绳破断拉力大、疲劳寿命长、耐腐性能好，建议优先选用线接触钢丝绳。要求比较柔软的可用 6×37 类。

选择钢丝绳的抗拉强度应根据使用的载荷、规定的安全系数，选择合适的强度级别，不宜盲目追求高强度。总之，应该根据设备的特点和作业场合，选择合适的钢丝绳，确保安全，达到延长使用寿命和提高经济效益的目的。

（4）钢丝绳的安装、维护保养

1) 钢丝绳的安装

① 解卷：整圈和整筒钢丝绳解开时，应将绳盘放在专用支架上使钢丝绳轮架空，也可用一根钢管穿入绳盘孔，两端套上绳索吊起，将绳盘缓缓转动使其旋转而慢慢拉出。

② 钢丝绳在卷筒上的排列：钢丝绳在卷筒缠绕时，要逐圈紧密排列整齐，不应错叠或离缝。钢丝绳在卷筒上的缠绕方向必须根据钢丝绳的捻向，右捻绳从左到右，左捻绳从右到左排列，缠绕应排列整齐，避免出现偏绕或夹绕现象。

2) 钢丝绳的剪切

钢丝绳的剪切应在切割处两边相距 10~20mm 处用钢丝扎紧，捆扎长度为绳径的 1~4 倍，再用切割工具切断。

3) 钢丝绳的维护保养和检查

① 运行要求：钢丝绳在运行过程中应速度稳定，不得超过负荷运行，避免发生冲击负荷。

② 维护保养：钢丝绳在制造时已涂了足够的油脂，但经运行后，油脂会逐渐减少，且钢丝绳表面会沾有尘埃、碎屑等污物，引起钢丝绳及绳轮的磨损和钢丝绳生锈，因此，应定期清洗和加油。简易的方法是选用钢丝刷和其他相应的工具擦掉钢丝绳表面的尘埃等污物，把加热熔化的钢丝绳表面脂均匀地涂抹在钢丝绳表面，也可把 30 号或 40 号机油喷浇在钢丝绳表面，但不要喷得过多而污染环境。不用的钢丝绳应进行维护保养，按规定分类存放在干净的地方。在露天存放的钢丝绳应在下面垫高，上面加盖防雨布罩。

③ 检查记录：使用钢丝绳必须定期检查并作好记录，定期检查的内容除了上述的清洗加油外，还应检查钢丝绳绳身的磨损程度、断丝情况、腐蚀程度以及吊钩、吊环、各润滑轮槽等易损部件磨损的情况。发现异常情况必须及时调整或更换。

（5）钢丝绳报废标准

1) 钢丝绳的破坏过程

① 弯曲疲劳破坏：钢丝绳在使用过程中经常受到拉伸、弯曲，使钢丝绳容易产生"疲劳"现象，多次弯曲造成的弯曲疲劳是钢丝绳破坏的主要原因之一。

② 冲击荷载的破坏：冲击荷载在起重吊装作业中（如紧急制动）是不允许发生的。

冲击荷载对机械及钢丝绳都有损害。冲击荷载的大小与所吊重物落下距离成正比，一般冲击荷载远远大于静荷载若干倍。

2) 钢丝绳的破坏原因

造成钢丝绳损坏的原因是多方面的，概括起来，钢丝绳损伤及破坏的主要原因大致有以下几个方面：

① 截面积减少：钢丝绳截面积减少是因钢丝绳内外部磨损、损耗及腐蚀造成的。

② 质量发生变化：钢丝绳由于表面疲劳、硬化及腐蚀引起质量变化。

③ 变形：钢丝绳因松捻、压扁或操作中产生各种特殊变形而引起质量变化。

④ 突然损坏：在牵引过程中，快速加大拉力，产生过大冲击力而突然断丝。

3) 钢丝绳报废标准

① 断丝的性质和数量。

② 绳端断丝。

③ 断丝的局部聚集。

④ 断丝的增加率。

⑤ 绳股断裂。

⑥ 由于绳芯损坏而引起的绳径减小。

⑦ 外部磨损。

⑧ 弹性降低。

⑨ 外部及内部腐蚀。

⑩ 变形。

（6）钢丝绳的安全荷载计算

1) 钢丝绳的破断拉力

钢丝绳的破断拉力是将整根钢丝绳拉断所需要的拉力，也称为整条钢丝绳的破断拉力。考虑钢丝绳搓捻的不均匀，钢丝之间存在互相挤压和摩擦使其钢丝受力大小不一样，要拉断整根钢丝绳，其破断拉力要小于钢丝破断拉力总和，且要乘一个小于1的系数，约为0.8～0.85。

最小钢丝破断拉力总和＝钢丝绳最小破断拉力×换算系数。换算系数取值如：6×7类圆股的钢丝绳纤维芯取1.134、钢芯取1.214；6×19类圆股的钢丝绳纤维芯取1.24、钢芯取1.308；6×37类圆股的钢丝绳纤维芯取1.249、钢芯取1.336。

钢丝绳的安全荷载可由下式求得：

$$P = R/K$$

式中 P——吊装所需要的负荷拉力（kN）；

R——最小破断拉力（可在钢丝绳规格及荷载性能查找）；

K——钢丝绳的安全系数，见表1-3。

钢丝绳的安全系数 K 表1-3

使用情况	K	使用情况	K
用于缆风绳	3.5	用作吊索、无弯曲	6～7
用于手动起重	4.5	用作绑扎的吊索	8～10
用于机械起重	5～6	用于载人的升降机	14以上

2) 钢丝绳的允许拉力和安全系数

钢丝绳的允许拉力：当钢丝绳在弯曲处可能同时承受拉力和剪力的混合力，钢丝绳破断拉力要降低30%左右。因此在选择钢丝绳时要适当提高安全系数加强安全储备。为了保证吊装的安全，钢丝绳根据使用时的受力情况，规定出所能允许承受的拉力，叫做钢丝绳的允许拉力。它与钢丝绳的使用情况有关，可通过计算取得。钢丝绳的允许拉力低了钢丝绳破断拉力的允许值，而这个系数就是安全系数。

3) 钢丝绳最小破断拉力计算和重量测量

① 最小破断拉力计算：钢丝绳实测破断拉力不应低于荷重性能表的规定。钢丝绳最小破断拉力，用单位 kN 表示，并按下式计算：

$$F_0 = \frac{K'D^2R_0}{1000}$$

式中 F_0——钢丝绳最小破断拉力（kN）；

D——钢丝绳公称直径（mm）；

R_0——钢丝绳公称抗拉强度（MPa）；

K'——某一指定结构钢丝绳的最小破断拉力系数，见表 1-4。

钢丝绳的最小破断拉力系数 表 1-4

组别	类别	钢丝绳重量系数 K			$\frac{K_2}{K_{1n}}$	$\frac{K_2}{K_{1p}}$	最小破断拉力系数 K'		$\frac{K'_2}{K'_1}$
		天然纤维芯 K_{1n}	合成纤维芯 K_{1p}	钢芯 K_2			纤维芯 K'_1	钢芯 K'_2	
		kg/(100m·mm²)							
1	6×7	0.351	0.344	0.387	1.10	1.12	0.332	0.359	1.08
2	6×19	0.380	0.371	0.418	1.10	1.13	0.330	0.356	1.08
3	6×37								
4	8×19	0.357	0.344	0.435	1.22	1.26	0.293	0.346	1.18
5	8×37								
6	18×7	0.390		0.430	1.10	1.10	0.310	0.328	1.06
7	18×19								
8	34×7	0.390		0.430	1.10	1.10	0.308	0.318	1.03
9	35W×7			0.460				0.360	
10	6V×7	0.412	0.404	0.437	1.06	1.08	0.375	0.398	1.06
11	6V×19	0.405	0.397	0.429	1.06	1.08	0.360	0.382	1.06
12	6V×37								
13	4V×39	0.410	0.402				0.360		
14	6Q×19+6V×21	0.410	0.402				0.360		

注：1. 在 2 组和 4 组钢丝绳中，当股内钢丝的数目为 19 根或 19 根以下时，重量系数应比表中所列的数小 3%。

2. 在 11 组钢丝绳中，股含纤维芯 6V×21、6V×24 结构钢丝绳的重量系数和最小破断拉力系应分别比表中所列的数小 8%，6V×30 结构钢丝绳的最小破断拉力系数，应比表中所列的数小 10%；在 12 组钢丝绳中，股为线接触结构 6V×37S 钢丝绳的重量系数和最小破断拉力系数则应分别此中所列的数大 3%。

3. K_{1p} 重量系数是对聚丙烯纤维芯钢绳而言。

② 重量的测量：钢丝绳总重量包括钢丝绳、卷轴和包装材料的重量，应用衡器测量，用单位 kg 表示。计算钢丝绳的单位重量时，应用钢丝绳的净重量除以钢丝绳实测长度。钢丝绳的实测单位重量用 kg/100m 表示。

参考重量：钢丝绳的参考重量用 kg/100m 表示，并按下式计算：

$$M = KD^2$$

式中 M——钢丝绳单位长度的参考重量（kg/100m）；

　　D——钢丝绳的公称直径（mm）；

　　K——充分涂油的某一结构钢丝绳单位长度的重量系数（表1-4）[kg/(100m·mm²)]。

4）钢丝绳重量系数和最小破断拉力系数，见表1-4。

1.1.2 吊钩

吊钩属起重机上重要取物装置之一。若使用不当，容易造成损坏和折断，从而发生重大事故，因此必须加强对吊钩进行经常性的安全技术检验。

1. 吊钩分类

吊钩按制造方法可分为锻造吊钩和片式吊钩。锻造吊钩又可分为单钩和双钩，如图1-1(a)、(b)所示。单钩一般用于小起重量，双钩多用于较大的起重量。锻造吊钩材料采用优质低碳镇静钢或低碳合金钢。片式吊钩也有单钩和双钩之分，如图1-1(c)和图1-1(d)所示。

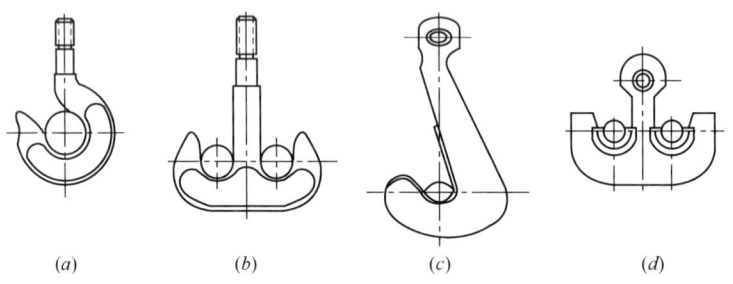

图1-1 吊钩的种类

(a) 锻造单钩；(b) 锻造双钩；(c) 片式单钩；(d) 片式双钩

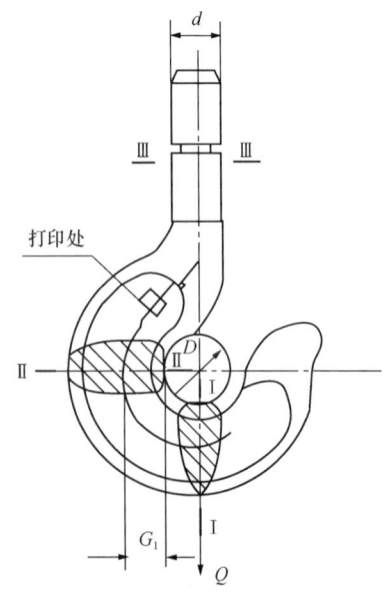

图1-2 吊钩的危险断面

片式吊钩比锻造吊钩安全，因为吊钩板片不可能同时断裂，个别板片损坏还可以更换。吊钩按钩身（弯曲部分）的断面形状可分为：圆形、矩形、梯形和T字形断面吊钩。

2. 吊钩安全技术要求

吊钩应有出厂合格证明，在低应力区应有额定起重量标记。

（1）吊钩的危险断面

对吊钩的检验，必须先了解吊钩的危险断面所在，通过对吊钩的受力分析，可以了解吊钩的危险断面有3个。

如图1-2所示，假定吊钩上吊挂重物的重量为Q，由于重物重量通过钢丝绳作用在吊钩的Ⅰ-Ⅰ断面上，有把吊钩切断的趋势，该断面上受剪应力；由于重量Q的作用，在Ⅲ-Ⅲ断面，有把吊钩拉断的趋势，这个断面就是吊钩钩尾螺纹的退刀槽,这个部位受拉应力;由于 Q 对吊钩产生拉、剪力之后,还有把吊钩拉直的趋势,也就是对Ⅰ-Ⅰ断面以左的各断面除受拉力以外,还受到力矩的作用。因此,Ⅱ-Ⅱ断面受 Q 的拉力,使整个断面受剪应力,同时受力矩的作用。另外,Ⅲ-Ⅲ断面的内侧受拉应力,外侧受压应力,根据计算,内侧拉应力比外侧压应力大一倍多。吊钩做成内侧厚、外侧薄就是这个道理。

(2) 吊钩的检验

检验吊钩时,一般先用煤油洗净钩身,然后用 20 倍放大镜检查钩身是否有疲劳裂纹,特别对危险断面的检查要认真、仔细。钩柱螺纹部分的退刀槽是应力集中处,要注意检查有无裂缝。对板钩还应检查衬套、销子、小孔、耳环及其他紧固件是否有松动、磨损现象。对一些大型、重型起重机的吊钩还应采用无损探伤法检验其内部是否存在缺陷。

(3) 吊钩的保险装置

吊钩必须装有可靠防脱棘爪(吊钩保险),防止工作时索具脱钩如图 1-3 所示。

3. 吊钩的报废

吊钩禁止补焊,有下列情况之一的,应予以报废:

(1) 用 20 倍放大镜观察表面有裂纹。

(2) 钩尾和螺纹部分等危险截面及钩筋有永久性变形。

(3) 挂绳处截面磨损量超过原高度的 10%。

(4) 心轴磨损量超过其直径的 5%。

(5) 开口度比原尺寸增加 15%。

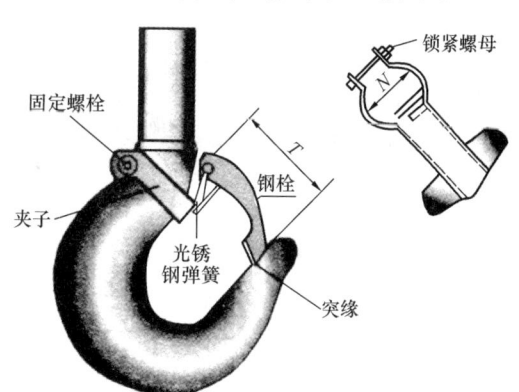

图 1-3 吊钩的防脱棘爪

1.1.3 卸扣

卸扣又称卡环,是起重作业中广泛使用的连接工具,它与钢丝绳等索具配合使用,拆装颇为方便。

1. 卸扣分类

卸扣按其外形分为直形和椭圆形两种,如图 1-4 所示。

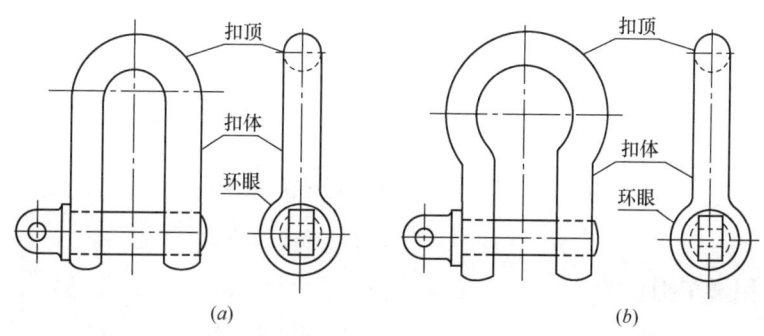

图 1-4 卸扣
(a) 直形卸扣;(b) 椭圆形卸扣

9

按活动销轴的形式可分为销子式和螺栓式，如图 1-5 所示，常用的是螺栓式。

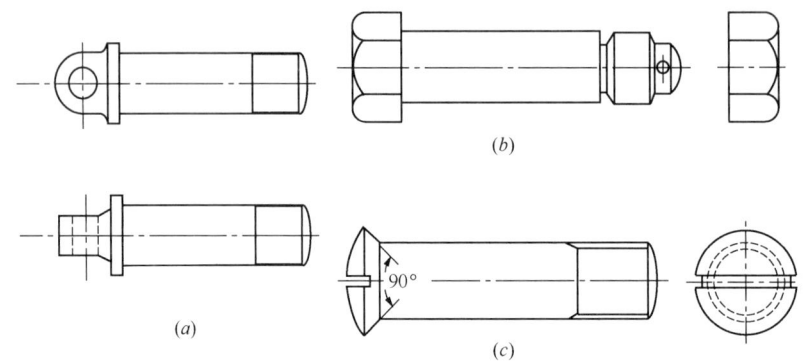

图 1-5　销轴的几种形式

(a) W 形带有环眼和台肩的螺纹销轴；(b) X 形六角头螺栓、六角螺母和开口销；(c) Y 形沉头螺钉

2. 卸扣使用注意事项

（1）卸扣必须是锻造的，一般是用 20 号钢锻造后经过热处理而制成的，以便消除残余应力和增加其韧性，不能使用铸造和补焊的卡环。

（2）使用时不得超过规定的荷载，应使销轴与扣顶受力，不能横向受力。横向使用会造成扣体变形。

（3）吊装时使用卸扣绑扎，在吊物起吊时应使扣顶在上，销轴在下，如图 1-6 所示，使绳扣受力后压紧销轴，销轴因受力，销孔中产生摩擦力，使销轴不易脱出。

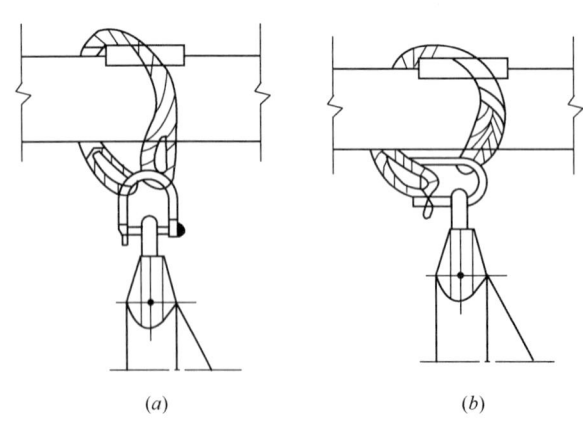

（4）不得从高处往下抛掷卸扣，以防止卸扣落地碰撞而变形或内部产生损伤及裂纹。

3. 卸扣的报废

卸扣出现以下情况之一时，应予以报废：

（1）裂纹。

（2）磨损达原尺寸的 10%。

（3）本体变形达原尺寸的 10%。

（4）横销变形达原尺寸的 5%。

（5）螺栓坏丝或滑丝。

（6）卸扣不能闭锁。

图 1-6　卸扣的使用示意

(a) 正确的使用方法；(b) 错误的使用方法

1.2　常用起重机具

1.2.1　滑车和滑车组

滑车和滑车组是起重吊装、搬运作业中较常用的起重工具。滑车一般由吊钩（链环）、滑轮、轴、轴套和夹板等组成。

1. 滑车

（1）滑车的种类

滑车按滑轮的数量，可分为单门（一个滑轮）、双门（两个滑轮）和多门等几种；按连接件的结构形式不同，可分为吊钩型、链环型、吊环型、吊梁型；按滑车的夹板形式不同，可分为开口滑车和闭口滑车两种，如图 1-7 所示。开口滑车的夹板可以打开，便于装入绳索，一般都是单门，常用在拔杆脚等处做导向用。滑车按使用方式不同，又可分为定滑车和动滑车两种。定滑车在使用中是固定的，可以改变用力的方向，但不能省力；动滑车在使用中是随着重物移动而移动的，它能省力，但不能改变力的方向。

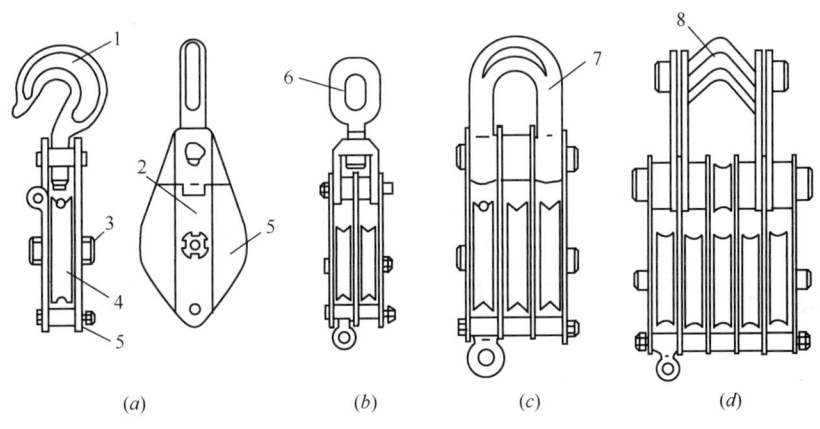

图 1-7 滑车

(a) 单门开口吊钩型；(b) 双门闭口链环型；(c) 三门闭口吊环型；(d) 三门吊梁型
1—吊钩；2—拉杆；3—轴；4—滑轮；5—夹板；6—链环；7—吊环；8—吊梁

（2）滑车的允许载荷

滑车的允许载荷，可根据滑轮和轴的直径确定，一般滑车上都有标明，使用时应根据其标定的数值选用，同时滑轮直径还应与钢丝绳直径匹配。

双门滑车的允许载荷为同直径单门滑车允许荷载的 2 倍，三门滑车为单门滑车的 3 倍，以此类推。同样，多门滑车的允许载荷就是它的各滑轮允许载荷的总和。因此，如果知道某一个四门滑车的允许载荷为 20000kgf，则其中一个滑轮的允许载荷为 5000kgf，即对于这四门滑车，若工作中仅用一个滑轮，只能负担 5000kgf；用两个，只能负担 10000kgf，只有 4 个滑轮全用时才能负担 20000kgf。

2. 滑车组

滑车组是由一定数量的定滑车和动滑车及绕过它们的绳索组成的简单起重工具。它能省力也能改变力的方向。

（1）滑车组的种类

滑车组根据跑头引出的方向不同，可以分为跑头自动滑车引出和跑头自定滑车引出两种。如图 1-8 (a) 所示，跑头自动滑车引出，这时用力的方向与重物移动的方向一致。如图 1-8 (b) 所示，跑头自定滑车绕出，这时用力的方向与重物移动的方向相反。在采用多门滑车进行吊装作业时常采用双联滑车组。如图 1-8 (c) 所示，双联滑车组有两个跑头，可用两台卷扬机同时牵引，其速度可达原来的两倍，滑车组受力比较均衡，滑车不易倾斜。

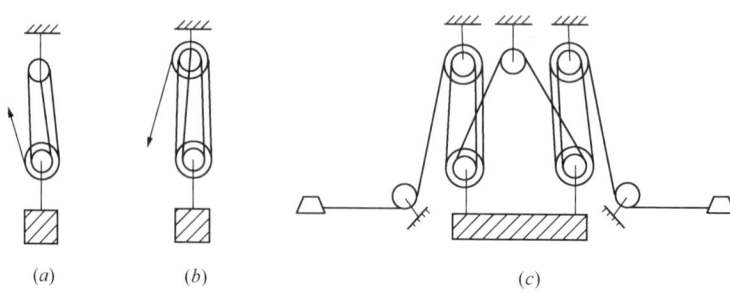

图1-8 滑车组的种类

（a）跑头自动滑车绕出；（b）跑头自定滑车绕出；（c）双联滑车组

（2）滑车组绳索的穿法

滑车组中绳索有普通穿法和花穿法两种，如图1-9所示。普通穿法是将绳索自一侧滑轮开始，顺序地穿过中间的滑轮，最后从另一侧的滑轮引出，如图1-9（a）所示。滑车组在工作时，由于两侧钢丝绳的拉力相差较大，跑头7的拉力最大，第6根为次，顺次至固定头受力最小，所以滑车在工作中不平稳。如图1-9（b）所示，花穿法的跑头从中间滑轮引出，两侧钢丝绳的拉力相差较小，所以能克服普通穿法的缺点。在用"三三"以上的滑车组时，最好用花穿法。滑车组中动滑车上穿绕绳子的根数，习惯上叫"走几"，如动滑车上穿绕三根绳子，叫"走三"，穿绕四根绳子，叫"走四"。

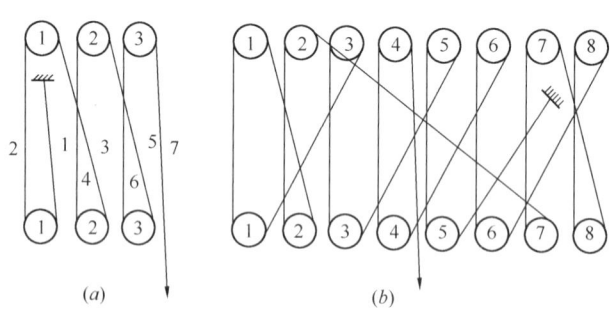

图1-9 滑车组的穿法

（a）普通穿法；（b）花穿法

3. 滑车及滑车组使用注意事项

（1）使用前应查明标识的允许载荷，检查滑车的轮槽、轮轴、夹板、吊钩（链环）等有无裂缝和损伤，滑轮转动是否灵活。

（2）滑车组绳索穿好后，要慢慢地加力，绳索收紧后应检查各部分是否良好，有无卡绳现象。

（3）滑车的吊钩（链环）中心，应与吊物的重心在一条垂线上，以免吊物起吊后不平稳，滑车组上下滑车之间的最小距离应根据具体情况而定，一般为700～1200mm。

（4）滑车在使用前、后都要刷洗干净，轮轴要加油润滑，防止磨损和锈蚀。

（5）为了提高钢丝绳的使用寿命，滑轮直径最小不得小于钢丝绳直径的16倍。

4. 滑轮的报废

滑轮出现下列情况之一的，应予以报废：

(1) 裂纹或轮缘破损。
(2) 滑轮绳槽壁厚磨损量达原壁厚的 20%。
(3) 滑轮底槽的磨损量超过相应钢丝绳直径的 25%。

1.2.2 链式滑车

1. 链式滑车的类型和用途

链式滑车又称"捯链"、"手拉葫芦",它适用于小型设备物体的短距离吊装,可用来拉紧缆风绳以及用在构件或设备运输时拉紧捆绑的绳索,如图 1-10 所示。链式滑车具有结构紧凑、手拉力小、携带方便、操作简单等优点,它不仅是起重常用的工具,也常用作机械设备的检修拆装工具。

链式滑车可分为环链蜗杆滑车、片状链式蜗杆滑车和片状链式齿轮滑车等。

2. 链式滑车的使用注意事项

(1) 使用前需检查传动部分是否灵活,链子和吊钩及轮轴是否有裂纹损伤,手拉链是否有跑链或掉链等现象。

(2) 挂上重物后,要慢慢拉动链条,当起重链条受力后再检查各部分有无变化,自锁装置是否起作用,经检查确认各部分情况良好后,方可继续工作。

图 1-10 链式滑车

(3) 使用时,拉链方向应与链轮方向相同,防止手拉链脱槽,拉链时力量要均匀,不能过快过猛。

(4) 当手拉链拉不动时,应查明原因,不能增加人数猛拉,以免发生事故。

(5) 起吊重物中途停止的时间较长时,要将手拉链拴在起重链上,以防时间过长而自锁失灵。

(6) 转动部分要经常上油,保证润滑,减少磨损,但切勿将润滑油渗进摩擦片内,以防自锁失灵。

1.2.3 螺旋扣

螺旋扣又称"花篮螺栓",如图 1-11 所示,其主要用作张紧和松弛拉索、缆风绳等,故又被称为"伸缩节"。其形式有多种,尺寸大小则随负荷轻重而有所不同。其结构形式如图 1-12 所示。

图 1-11 螺旋扣

螺旋扣的使用应注意以下事项:

1. 使用时应钩口向下。
2. 防止螺纹轧坏。
3. 严禁超负荷使用。

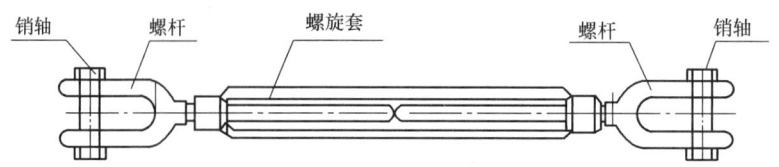

图 1-12 螺旋扣结构示意

4. 长期不用时，应在螺纹上涂好防锈油脂。

1.2.4 千斤顶

千斤顶是一种用较小的力将重物提高、降低或移位的起重设备。千斤顶构造简单，使用轻便，便于携带，工作时无振动与冲击，能保证把重物准确地停在一定的高度上，升举重物时，不需要绳索、链条等，但行程短，加工精度要求较高。

1. 千斤顶的分类

千斤顶有齿条式、螺旋式和液压式三种基本类型。

（1）齿条式千斤顶

齿条式千斤顶又叫起道机，由金属外壳、装在壳内的齿条、齿轮和手柄等组成。在路基路轨的铺设中常用到齿条式千斤顶，如图 1-13 所示。

（2）螺旋式千斤顶

螺旋式千斤顶常用的是 LQ 型，如图 1-14 所示。

图 1-13 齿条式千斤顶

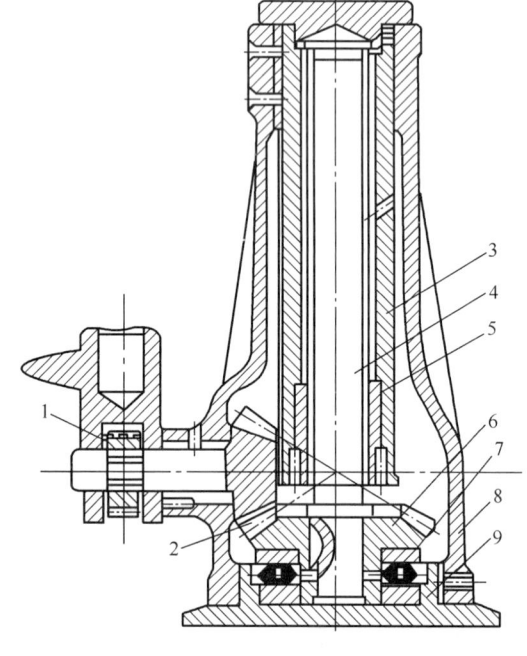

图 1-14 螺旋式千斤顶
1—齿轮组；2—小锥齿轮；3—升降套筒；4—锯齿形螺杆；
5—螺母；6—大锥齿轮；7—推力轴承；8—主架；9—底座

(3) 液压千斤顶

常用的液压千斤顶为 YQ 型，其构造如图 1-15 所示。

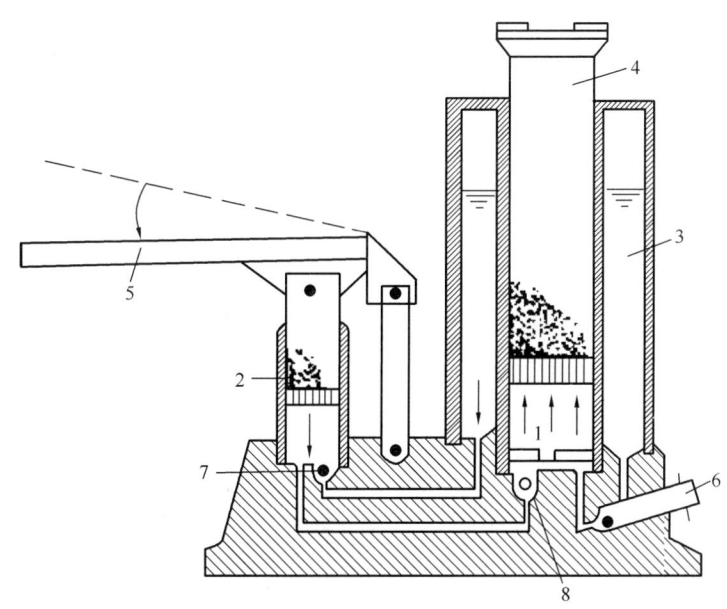

图 1-15　液压千斤顶的构造
1—油室；2—油泵；3—储油腔；4—活塞；5—摇把；6—回油阀；7—油泵进油门；8—油室进油门

2. 千斤顶使用注意事项

（1）千斤顶使用前应拆洗干净，并检查各部件是否灵活，有无损伤，液压千斤顶的阀门、活塞、皮碗是否良好，油液是否干净。

（2）使用时，应放在平整坚实的地面上，如地面松软，应铺设方木以扩大承压面积。设备或物件的被顶点应选择坚实的平面部位并应清洁至无油污，以防打滑，还须加垫木板以免顶坏设备或物件。

（3）严格按照千斤顶的额定起重量使用千斤顶，每次顶升高度不得超过活塞上的标志。

（4）在顶升过程中要随时注意千斤顶的平整直立，不得歪斜，以防倾倒，不得任意加长手柄或操作过猛。

（5）操作时，先将物件顶起一点后暂停，检查千斤顶、枕木垛、地面和物件等的情况是否良好，如发现千斤顶和枕木垛不稳等情况，必须处理后才能继续工作。顶升过程中，应设保险垫，并要随顶随垫，其脱空距离应保持在 50mm 以内，以防千斤顶倾倒或突然回油而造成事故。

（6）用两台或两台以上千斤顶同时顶升一个物件时，要有统一指挥，动作一致，升降同步，保证物件平稳。

（7）千斤顶应存放在干燥、无尘土的地方，避免日晒雨淋。

1.2.5　卷扬机

卷扬机在建筑施工中使用广泛，它可以单独使用，也可以作为其他起重机械的卷扬机构。

1. 卷扬机的构造和分类

卷扬机是由电动机、齿轮减速机、卷筒、制动器等构成。载荷的提升和下降均为一种速度，由电机的正反转控制。

卷扬机按卷筒数分为单筒、双筒、多筒卷扬机；按速度为快速、慢速卷扬机。常用的有电动单筒和电动双筒卷扬机，图1-16所示的是一种单筒电动卷扬机的结构。

2. 卷扬机的固定和布置

（1）卷扬机的固定

卷扬机必须用地锚予以固定，以防工作时产生滑动或倾覆。根据受力大小，固定卷扬机的方法大致有螺栓锚固法、水平锚固法、立桩锚固法和压重锚固法四种，如图1-17所示。

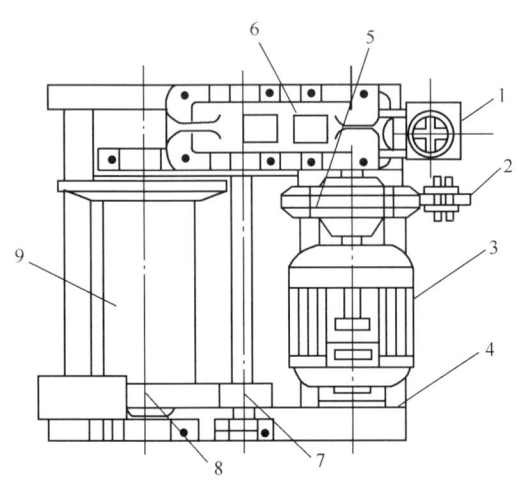

图1-16 单筒电动卷扬机结构示意
1—逆控制器；2—电磁制动器；3—电动机；4—底盘；
5—联轴器；6—减速器；7—小齿轮；
8—大齿轮；9—卷筒

（2）卷扬机的布置

卷扬机的布置（即安装位置）应注意下列几点：

1）卷扬机安装位置周围必须排水畅通并应搭设工作棚。

2）卷扬机的安装位置应能使操作人员看清指挥人员和起吊或拖动的物件，操作者视线仰角应小于45°。

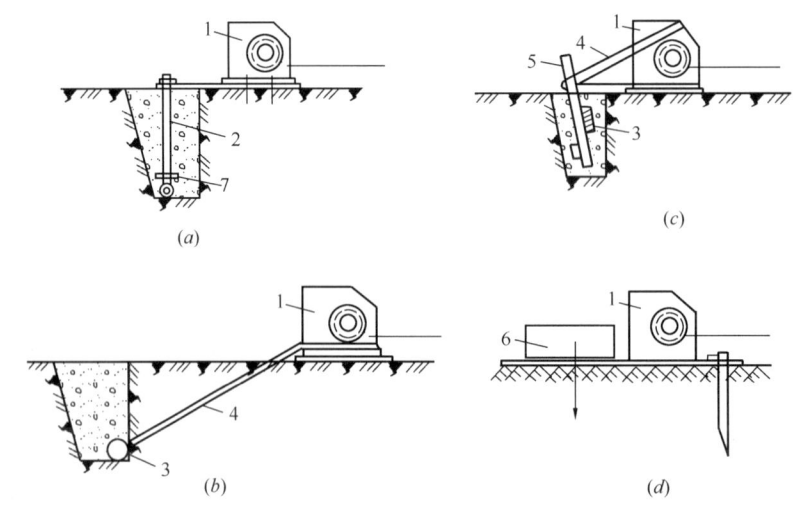

图1-17 卷扬机的锚固方法
(a) 螺栓锚固法；(b) 水平锚固法；(c) 立桩锚固法；(d) 压重物锚固法
1—卷扬机；2—地脚螺栓；3—横木；4—拉索；5—木桩；6—压重；7—压板

3）在卷扬机正前方应设置导向滑车，如图1-18所示，导向滑车至卷筒轴线的距离，带槽卷筒不应小于卷筒宽度的15倍，即倾斜角α不大于2°，无槽卷筒应大于卷筒宽度的

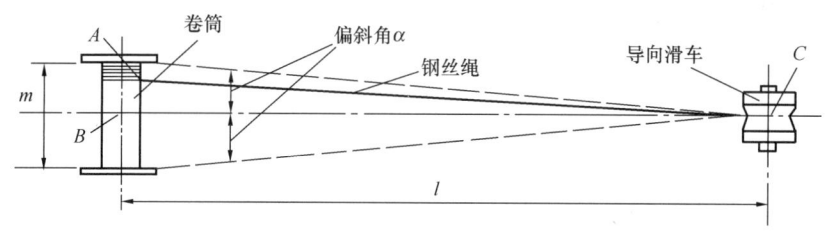

图 1-18 卷扬机的布置

20 倍,以免钢丝绳与导向滑车槽缘产生过度的磨损。

4) 钢丝绳绕入卷筒的方向应与卷筒轴线垂直,其垂直度允许偏差为 6°,这样能使钢丝绳圈排列整齐,不致斜绕和互相错叠挤压。

3. 卷扬机使用注意事项

(1) 作用前,应检查卷扬机与地面的固定、安全装置、防护设施、电气线路、接零或接地线、制动装置和钢丝绳等,全部合格后方可使用。

(2) 使用皮带或开式齿轮的部分,均应设防护罩,导向滑轮不得用开口拉板式滑轮。

(3) 正反转卷扬机卷筒旋转方向应在操纵开关上有明确标识。

(4) 卷扬机必须有良好的接地或接零装置,接地电阻不得大于 10Ω;在一个供电网路上,接地或接零不得混用。

(5) 卷扬机使用前要先做空载正、反转试验,检查运转是否平稳,有无不正常响声;传动、制动机构是否灵敏可靠;各紧固件及连接部位有无松动现象;润滑是否良好,有无漏油现象。

(6) 钢丝绳的选用应符合原厂说明书规定。卷筒上的钢丝绳全部放出时应留不少于 3 圈;钢丝绳的末端应固定牢靠;卷筒边缘外周至最外层钢丝绳的距离应不小于钢丝绳直径的 1.5 倍。

(7) 钢丝绳应与卷筒及吊笼连接牢固,不得与机架或地面摩擦,通过道路时,应设过路保护装置。

(8) 卷筒上的钢丝绳应排列整齐,当重叠或斜绕时,应停机重新排列,严禁在转动中用手拉脚踩钢丝绳。

(9) 作业中,任何人不得跨越正在作业的卷扬钢丝绳。物件提升后,操作人员不得离开卷扬机,物件或吊笼下面严禁人员停留或通过。休息时应将物件或吊笼降至地面。

(10) 作业中如发现异响、制动不灵、制动装置或轴承等温度剧烈上升等异常情况时,应立即停机检查,排除故障后方可使用。

(11) 作业中停电或者是休息时,应切断电源,将提升物件或吊笼降至地面,操作人员离开现场应锁好开关箱。

1.2.6 地锚

地锚又称锚桩、拖拉坑,起重作业中不但能固定卷扬机,而且常用来固定拖拉绳、缆风绳、导向滑轮等,制作地锚的材料可选用木材、钢材或混凝土等。

1. 地锚的分类

地锚按设置形式分有桩式地锚和水平地锚(卧式地锚)两种。

2. 各种地锚的构造

(1) 桩式地锚：以角钢、钢管或圆木作锚桩，垂直或斜向（向受拉的一方倾斜）打入土中，依靠土壤对桩体的嵌固和稳定作用，使其承受一定的拉力；锚桩长度一般为1.5～2.0m，入土深度为1.2～1.5m。按照不同使用要求又可分为一排、两排或三排打入土中，钢丝绳拴在距地面约50mm处。同时，为了增加桩的锚固力，在其前方距地面约400～900mm深处，紧贴桩木埋置较长的挡木一根，如图1-19所示。

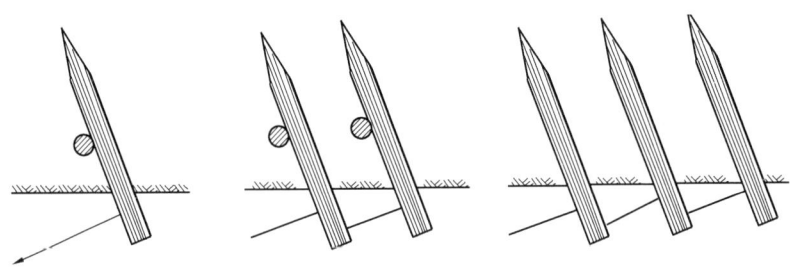

图1-19 桩式地锚

(2) 水平地锚（卧式地锚）：将几根圆木或方木或者型钢用钢丝绳捆绑在一起，横卧在预先挖好的锚坑坑底，绳索捆扎在材料上，从坑的前端槽中引出，绳与地面的夹角应等于缆风与地面的夹角，埋好后用土石回填夯实即可。圆木的数量应根据地锚受力的大小和土质而定，圆木的长度为1～1.5m，一般埋入深度为1.5～2m时，可承受拉力30～150kN。但是卧式地锚承受拉力时既有水平分力又有垂直向上分力，并形成一个向上拔的力，当拉力超过75kN时，地锚横木上应增加压板加固，扩大其受压面积，降低土壁的侧向压力。当拉力大于150kN时，应用立柱和木壁加强，以增加上部的横向抵抗力，如图1-20所示。

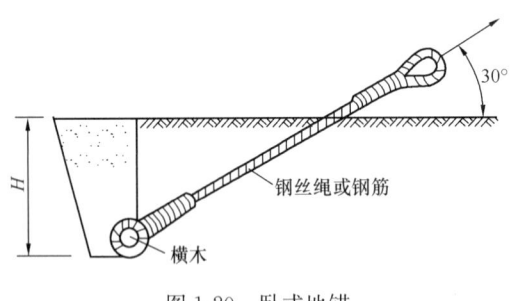

图1-20 卧式地锚

以上是施工现场常见的地锚形式，另外还有混凝土锚桩、活动地锚等形式。

3. 各种地锚的适用范围

(1) 桩式地锚：适用于固定作用力不大的系统，如受力不大的缆风。桩式地锚承受拉力较小，但设置简便，因此被较普遍采用。但在结构吊装中很少使用。

(2) 水平地锚（卧式地锚）：是一种卧式地锚，常用在普通系缆、桅杆或起重机上。其作用载荷能力不大于75kN，超过75kN还须进行加固方可使用。

4. 使用要点及注意事项

(1) 设置地锚应埋设在土质坚硬的地方，地锚埋设后地面应平整，地面不潮湿，不得有积水。

(2) 埋入的横担木必须进行严格选择，木质地锚的材质应使用落叶松、杉木，严禁使用油松、杨木、柳木、桦木、椴木。不得使用腐朽、严重裂纹或木节较多的木料。埋设时间较长时，应作防腐处理。受力较大时，横担木要用管子或角钢包好，以增加横担木强度。

(3) 卧木上绑扎的钢丝绳生根可采用编接或卡接，使牢固可靠。

(4) 地锚应根据负荷大小，地锚的分布及埋设深度，不同土质及地锚的受力情况经计算确定。通过计算确定（包括活动地锚）埋设后需进行试拉。受力很大的地锚（如重型桅杆式起重机和缆索起重机的缆风地锚）应用钢筋混凝土制作，其尺寸、混凝土强度等级及配筋情况须经专门设计确定。

(5) 使用时引出钢丝绳的方向应与地锚受力方向一致，并做防腐处理。地锚使用前必须进行试拉，合格后方能使用。

(6) 地锚坑宜挖成直角梯形状，坡度与垂线的夹角以15°为宜。地锚深度根据现场综合情况决定；地锚埋设后应进行详细检查，才能正式使用。试吊时应指定专人看守，使用时要有专人负责巡视，如发生变形，应立即采取措施加固。

(7) 地锚附近不准开挖取土，否则容易造成锚桩处土壁松动。同时，地锚拉绳与地面的夹角应保持在30°左右，角度过大会造成地锚承受过大的竖向拉力。

(8) 拖拉绳与水平面的夹角一般以30°以下为宜，地锚坑在引出线露出地面的位置，前方坑深2.5倍范围及基坑两侧2m以内，不得有地沟、电缆、地下管道等构筑物以及临时挖沟等，如有地下障碍物，要向远处移动地锚位置。

(9) 固定的建筑物和构筑物，可以利用其作为地锚，但必须经过核算。树木、电线杆等严禁作为地锚使用。

(10) 禁止将地锚设在松软回填土内或利用不可靠的物体作为吊装用的地锚。

1.2.7 平衡梁

平衡梁又称铁扁担、横吊梁。工厂生产的平衡梁是采用优质低碳合金钢精制而成，具有3倍以上的安全系数保障。载重范围1～100t。新制造的平衡梁都应进行验证，应用1.25倍的额定载荷试验后方能使用。

1. 平衡梁的特点

平衡梁构造简易、动作灵活、使用方便、吊运安全可靠。主要用于柱和屋架的吊装及细长物件等的吊装搬运。采用平衡梁吊柱子，柱身容易保持垂直；吊屋架时可降低起吊高度及吊索拉力和吊索对构件的压力，构件不会出现变形损坏。因此，平衡梁在起重吊装作业中使用较普遍。

2. 平衡梁的种类

常用的平衡梁包括以下几种：

(1) 滑轮平衡梁：滑轮横吊梁一般用于安装小于8t重的柱子；能够保证在起吊和直立柱子时，使吊索受力均匀，柱子易于垂直，便于就位。

(2) 钢板平衡梁：主要用于吊装12t以下的柱子。

(3) 桁架平衡梁：用于双机抬吊安装柱子，能够使吊索受力均匀，柱子吊直后能够绕转轴旋转，便于就位。

(4) 钢管平衡梁：主要用于屋架吊装，能够降低起吊高度，减小吊索的水平分力对屋架的压力。钢管应采用无缝钢管，长度一般为6～12m。

(5) 椅架式平衡梁：吊装大跨度屋架时采用，长度一般为12m。

(6) 三角形桁架式平衡梁：当屋架翻身或跨度很大需多点起吊时可采用。

(7) 型钢平衡梁：如H形钢结构、T形梁、双C形钢结构、工字钢结构、箱式结构。

(8) 另外还有单梁、双梁、井字梁等多种样式。

3. 平衡梁的作用

平衡梁主要作用表现在：横吊梁利用杠杆原理，可以加大起重机的吊装范围，缩短吊索长度，增加起重机提升的有效高度，减小起吊高度，改变吊索的受力方向，降低吊索内力和消除吊索对构件的压力，避免物体受过大的水平压力。满足吊索水平夹角的要求，使构件保持垂直、平衡，便于安装。如吊装柱子时容易使柱子立直而便于安装、校正；吊屋架等构件时，可以降低起升高度和减少对构件的水平压力；抬吊机械设备时，应使平衡梁在吊装过程中既能保持平衡，又能不被起重吊索擦伤，还能在起重吊运过程中使其变形最小。再如平衡梁在钢构加工车间中吊运钢板，使钢板平整吊运。

1.2.8 拔杆

起重拔杆也称抱杆、桅杆，是一种常用的起吊工具，它配合卷扬机、滑轮组和绳索等进行起吊作业。这种机具由于结构比较简单，安装和拆除方便，能在比较狭窄的现场上使用，对安装地点要求不高，适应性强，起重量也较大，并且不受电源的限制，无电源的地方，可用人工绞磨或（柴油）机动绞磨机起吊。它还能安装在其他起重机械不能安装的特殊工程和重大构筑物。在设备和大型构件安装中广泛使用。

起重拔杆为立柱式，用绳索（缆风绳）绷紧立于地面。绷紧一端固定在起重桅杆的顶部，另一端固定在地面锚桩上。拉索一般不少于3根，通常用4～6根。每根拉索初拉力约为10～20kN，拉索与地面成30°～45°，各拉索在水平投影夹角不得大于120°。起重拔杆可直立地面，也可倾斜地面（一般不大于10°）。起重拔杆下部设导向滑轮至卷扬机。

1. 拔杆的种类

起重拔杆按其材质不同，可分为木拔杆和金属拔杆。木拔杆起重高度一般在15m以内，起重量在20t以下。金属拔杆可分为钢管式和格构式，钢管式拔杆起重高度在25m以内，起重量在20t以下，格构式拔杆高度可达70m，起重量可达100t以上。

拔杆式起重机按其构造不同，可分为独脚拔杆、悬臂拔杆、人字拔杆、三角式拔杆、牵缆式拔杆和格构式拔杆等。

2. 拔杆使用安全注意事项

(1) 拔杆应根据施工条件、吊物重量、起重高度等具体情况合理选用，严禁超载使用。

(2) 使用木拔杆，要检查木质有无开裂、腐朽等现象，严重时不准使用。

(3) 木拔杆在捆吊索处要垫好。

(4) 捆扎人字拔杆时，下脚要对齐，吊重要对准中心。

(5) 各种拔杆底脚要稳固，必要时应垫木排，确保安全地承受最大负荷。

(6) 拔杆拼装后，要求检查其接头牢固程度及弯曲程度，不符合施工安全的不准使用。

(7) 拔杆缆风绳数量应根据起重量并经计算确定，一般不少于5根，移动式拔杆不少于8根，分布要合理，松紧要均匀，缆风绳与地面夹角以30°～40°为宜。禁止设多层缆风绳。

(8) 缆风绳与地锚连接后，应用绳夹扎牢。

(9) 缆风绳与高压线之间应有可靠的安全距离。如必须跨过高压线时，应采取停电、搭设防护架等安全措施。

(10) 拔杆移动时其倾斜幅度：当采用间歇法移动时，不宜超过拔杆高度的1/5，当采用连续法移动时，应为拔杆高度的1/20～1/15；相邻缆风绳要交错移位和调整。

(11) 竖立拔杆时应由专人指挥。竖立后先初步稳定，然后再调整缆风绳使其均匀受力。同时校正拔杆的垂直度。

(12) 拔杆使用前应做负荷试验，试验合格后方可使用。

(13) 拆卸拔杆时，先用起重设备将拔杆吊起，后松缆风绳。

1.3 常用行走式起重机械

1.3.1 汽车式起重机

1. 概述

汽车式起重机是装在普通汽车底盘或特制汽车底盘上的一种起重机，如图1-21所示，其行驶驾驶室与起重操纵室分开设置。这种起重机的优点是机动性好，转移迅速；缺点是工作时需支腿，不能负荷行驶，也不适合在松软或泥泞的场地上工作。

汽车式起重机的底盘性能等同于同样整车总重的载重汽车，符合公路车辆的技术要求，因而可在各类公路上通行。此种起重机一般备有上、下车两个操纵室，作业时必须伸出支腿保持稳定。起重量的变化范围很大，从8～1000t；底盘的车轴数，从2～10根。汽车式起重机由吊臂、伸缩液压缸、回转机构、起升机构、驾驶室、行走底盘、支腿及水平伸缩液压缸、配重等组成。

汽车式起重机的四个支腿是保证起重机稳定性的关键，作业时要利用水平气泡将支承回转面调平，当地面松软不平或在斜坡上工作时，一定要在支腿垫盘下面垫木板或铁板，将支腿位置调整好。

汽车式起重机的稳定性与起重量随起吊方向的不同而不同。当转到稳定性较好的方向，能起吊额定载荷；当转到稳定性差的方向，起重量就会严重下降。有的汽车式起重机的各个不同起吊方向的起重量有特殊的规定，但在一般

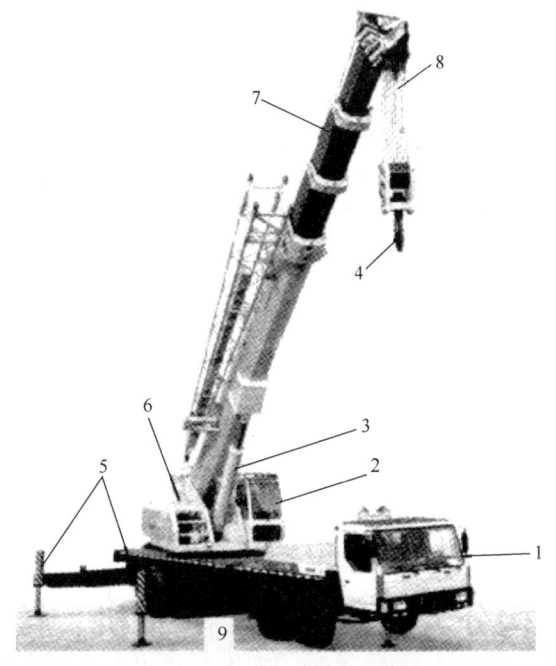

图1-21 汽车式起重机结构图
1—下车驾驶室；2—上车驾驶室；3—顶臂液压缸；
4—吊钩；5—支腿；6—回转卷扬机构；7—起重臂；
8—钢丝绳；9—下车底盘

的情况下,汽车式起重机在车前作业区是不允许吊装作业的。在使用汽车式起重机时,要严格按照产品说明书的规定执行。

2. 汽车式起重机分类

(1) 按额定起重量分,一般额定起重量15t以下的为小吨位汽车式起重机;额定起重量在16~25t的为中吨位汽车式起重机;额定起重量在26t以上的为大吨位汽车式起重机。

(2) 按吊臂结构分为定长臂汽车式起重机、接长臂汽车式起重机和伸缩臂汽车式起重机三种。

1) 定长臂汽车式起重机多为小型机械传动起重机,采用汽车通用底盘,全部动力由汽车发动机供给。

2) 接长臂汽车式起重机的吊臂由若干节臂组成,分基本臂、顶臂和插入臂,可以根据需要在停机时改变吊臂长度。由于桁架臂受力好,迎风面积小,自重轻,是大吨位汽车式起重机的主要结构形式。

3) 伸缩臂汽车式起重机,其结构特点是吊臂由多节箱形断面的臂互相套叠而成,利用装在臂内的液压缸可以同时或逐节伸出或缩回。全部缩回时,可以有最大起重量;全部伸出时,可以有最大起升高度或工作半径。

(3) 按动力传动分为机械传动、液压传动和电力传动三种。施工现场常用的是液压传动汽车式起重机。

3. 汽车式起重机基本参数

汽车式起重机的基本参数包括尺寸参数、质量参数、动力参数、行驶参数、主要性能参数及工作速度参数等。

(1) 尺寸参数:整机长、宽、高,第一、二轴距,第三、四轴距,一轴轮距,二、三轴轮距。

(2) 质量参数:行驶状态整机质量,一轴负荷,二、三轴负荷。

(3) 动力参数:发动机型号,发动机额定功率,发动机额定扭矩,发动机额定转速,最高行驶速度。

(4) 行驶参数:最小转弯半径,接近角,离去角,制动距离,最大爬坡能力。

(5) 主要性能参数:最大额定起重量,最大额定起重力矩,最大起重力矩,基本臂长,最长主臂长度,副臂长度,支腿跨距,基本臂最大起升高度,基本臂全伸最大起升高度,(主臂+副臂)最大起升高度。

(6) 工作速度参数:起重臂变幅时间(起、落),起重臂伸缩时间,支腿伸缩时间,主起升速度,副起升速度,回转速度。

4. 汽车式起重机安全装置

(1) 长度、角度传感器

长度、角度检测传感器是安装在汽车式起重机等有伸缩臂杆的测长装置,由拉线盒和检测传感器组成。将拉线盒的钢丝拉线与汽车吊臂的伸缩头固定连接,当汽车吊臂伸缩时带动拉线的伸缩,钢丝绳带动内部检测电位器信号变化。传感器在采集该信号后,经过处理、判断并通过仪表显示出来,控制起重机吊臂相对于水平面的角度和提升高度等。

(2) 力矩限制器

力矩限制器是汽车式起重机重要的安全限制器，其主要作用是：
1）过载限制：过载时，限制器自动停止伸臂、下变幅、起升动作，允许缩臂、上变幅、落钩动作。
2）极限限制，达到额定载荷的1.3倍时，仅能回转、落钩。
3）数据采集功能，自动记录、存储作业的工况参数、时间、过载次数。
4）顺序伸缩控制液压缸动作，避免人为误操作。

5. 汽车式起重机安全操作规定

起重机的启动参照有关内燃机的规定执行，在公路或城市道路上行驶时，应执行交通管理部门的有关规定。汽车式起重机作业前应注意以下事项：

（1）检查各安全保护装置和指示仪表是否齐全、有效。
（2）检查燃油、润滑油、液压油及冷却水是否添加充足。
（3）开动油泵前，先使发动机低速运转一段时间。
（4）检查钢丝绳及连接部位是否符合规定。
（5）检查液压是否正常。
（6）检查轮胎气压是否正常。
（7）各连接件有无松动。
（8）行驶和工作场地应保持平坦坚实，并应与沟渠、基坑保持安全距离。
（9）检查工作地点的地面条件。地面必须具备起重机呈水平状态，并能充分承受作用于支腿的压力条件；注意地基是否松软，如较松软，必须给支腿垫好能承载的枕木或钢板。
（10）预先调查地下埋设物，在埋设物附近放置安全标牌，以引起注意。
（11）调节支腿，按规定顺序伸出支腿，使之呈水平状态，回转支承面的倾斜度在无载荷时不大于1/1000，插上支腿定位销，底盘为弹性悬挂的起重机，放支腿前应先收紧稳定器。
（12）确认所吊重物的重量和重心位置，以防超载。
（13）根据起重作业曲线，确定工作半径和额定起重量，调整臂杆长度和角度。

1.3.2 履带式起重机

履带式起重机操纵灵活，本身能回转360°，在平坦坚实的地面上能负荷行驶。由于履带的作用，接触地面面积大，通过性好，可在松软、泥泞的场地作业，可进行挖土、夯土、打桩等多种作业，适用于建筑工地的吊装作业，特别是单层工业厂房结构安装。但履带式起重机稳定性较差，行驶速度慢且履带易损坏路面，转移时多用平板拖车装运。

1. 履带式起重机结构组成

履带式起重机由动力装置、工作机构以及动臂、转台、底盘等组成，如图1-22所示。

（1）动臂

动臂为多节组装桁架结构，调整节数后可改变长度，其下端铰装于转台前部，顶端用变幅钢丝绳滑轮组悬挂支承，可改变其倾角，也有在动臂顶端加装副臂的，副臂与动臂成一定夹角。起升机构有主、副两个卷扬系统，主卷扬系统用于动臂吊重，副卷扬系统用于

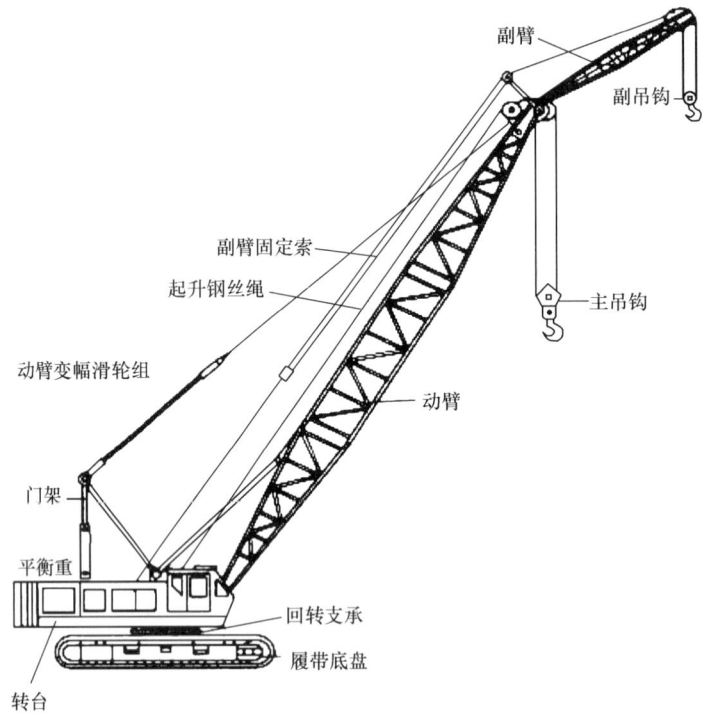

图 1-22 履带起重机

副臂吊重。

（2）转台

转台通过回转支承装在底盘上，可将转台上的全部重量传递给底盘，其上部装有动力装置、传动系统、卷扬机、操纵机构、平衡重和操作室等。动力装置通过回转机构可使转台做 360°回转。回转支承由上、下滚盘和其间的滚动件（滚球、滚柱）组成，可将转台上的全部重量传递给底盘，并保证转台的自由转动。

（3）底盘

底盘包括行走机构和动力装置。行走机构由履带架、驱动轮、导向轮、支重轮、托链轮和履带轮等组成。动力装置通过垂直轴、水平轴和链条传动使驱动轮旋转，从而带动导向轮和支重轮，实现整机沿履带行走。

2. 履带起重机基本参数

履带起重机的主要技术参数包括主臂工况、变幅副臂工况、速度数据、发动机参数、结构重量、接地比压等，见表 1-5。

履带起重机性能参数 表 1-5

项　　目	性能指标	单位
主臂工况	额定起重量	t
	最大起重力矩	t·m
	主臂长度	m
	主臂变幅角	

续表

项　　目	性能指标	单位
主臂带超起工况	额定起重量	t
	最大起重力矩	t·m
	主臂长度	m
	超起桅杆长度	m
	主臂变幅角	
变幅副臂工况	额定起重量	t
	主臂长度	m
	副臂长度	m
	最长主臂＋最长变幅副臂	m
	主臂变幅角	
	副臂变幅角	
变幅副臂带超起工况	额定起重量	t
	主臂长度	m
	副臂长度	m
	最长主臂＋最长变幅副臂	m
	超起桅杆长度	m
	主臂变幅角	
	副臂变幅角	
速度数据	主（副）卷扬绳速	m/min
	主变幅绳速	m/min
	副变幅绳速	m/min
	超起变幅绳速	m/min
	回转速度	m/min
	行走速度	km/h
发动机	输出功率	kW
	额定转速	r/min
重量	整机重量（基本臂）	t
	后配重＋中央配重＋超起配重	t
	最大单件运输重量	t
	运输尺寸（长×宽×高）	mm
接地比压		MPa

3. 履带式起重机安全装置

履带式起重机一般设有起重量限制器、幅度显示器、力矩限制器、起升高度限位器、变幅限位、臂架角度指示器、防臂架后倾装置、臂架变幅保险和吊钩保险等安全装置。

（1）臂架角度指示器

臂架角度指示器能够随着臂架仰角的变化而变化，反映出臂架对地面的夹角。通过臂架不同位置的仰角,对照起重机的性能表和性能曲线,就可知在某仰角时的幅度值、起重量、起升高度等各项参考数值。

(2) 起升高度限位器

起升高度限位器又称为过卷扬限制器,装在臂架端部滑轮组上,限制吊钩的起升高度,防止发生过卷扬事故。当吊钩起升到极限位置时,自动发出报警信号,切断动力源,停止起升。

(3) 力矩限制器

力矩限制器是防止超载造成起重机失稳的限制器,当载荷力矩达到额定起重力矩时,自动发出报警信号,切断起升或变幅动力源。

(4) 防臂架后倾装置

防臂架后倾装置,是防止臂架仰角过大时造成后倾的安全装置,当臂架起升到最大额定仰角时,不再仰臂。

4. 履带起重机安全使用规定

(1) 应在平坦坚实的地面上作业、行走和停放。在正常作业时。坡度不得大于3°,并应与沟渠、基坑保持安全距离。

(2) 作业时,起重臂的最大仰角不得超过出厂规定。当无资料可查时,不得超过78°。

(3) 变幅应缓慢平稳,严禁在起重臂未停稳前变换挡位,起重机载荷达到额定起重量的90%及以上时,严禁下降起重臂。

(4) 在起吊载荷达到额定起重量的90%及以上时,升降动作应慢速进行,并严禁同时进行两种以上动作。

(5) 起吊重物时应先稍离地面试吊,当确认重物已挂牢,起重机的稳定性和制动器的可靠性均良好时,再继续起吊。在重物起升过程中,操作人员应把脚放在制动踏板上,密切注意起升重物,防止吊钩冒顶。当起重机停止运转而重物仍悬在空中时,即使制动踏板被固定,也仍应脚踩在制动踏板上。

(6) 采用双机抬吊作业时,应选用起重性能相似的起重机进行。抬吊时应统一指挥,动作应配合协调;载荷应分配合理,起吊重量不得超过两台起重机在该工况下允许起重量总和的75%,单机载荷不得超过允许起重量的80%,在吊装过程中,起重机的吊钩滑轮组应保持垂直状态。

(7) 多机抬吊(多于3台时),应采用平衡轮、平衡梁等调节措施来调整各起重机的受力分配,单机的起吊载荷不得超过允许载荷的75%。多台起重机共同作业时,应统一指挥,动作应配合协调。

(8) 起重机如需带载行走时,载荷不得超过允许起重量的70%,行走道路应坚实平整,重物应在起重机正前方向,重物离地面不得大于500mm,并应拴好拉绳,缓慢行驶。严禁长距离带载行驶。

(9) 起重机行走时,转弯不应过急;当转弯半径过小时,应分次转弯;当路面凹凸不平时,不得转弯。

(10) 起重机上下坡道时应无载行走,上坡时应将起重臂仰角适当放小,下坡时应将起重臂仰角适当放大。严禁下坡时空挡滑行。

(11) 作业后,起重臂应转至顺风方向并降至40°~60°之间,吊钩应提升到接近顶端的位置,应关停内燃机,将各操纵杆放在空挡位置,各制动器加保险固定,操纵室应关门加锁。

(12) 起重机转移工地,应采用平板拖车运送。特殊情况需自行转移时,应卸去配重,拆短起重臂,主动轮应在后面,机身、起重臂、吊钩等必须处于制动位置,并应加保险固定。每行驶 500~1000m 时,应对行走机构进行检查和润滑。

(13) 起重机通过桥梁、水坝、排水沟等构筑物时,必须在查明允许载荷后再通过。必要时应对构筑物采取加固措施。通过铁路、地下水管、电缆等设施时,应铺设木板对其加以保护,并不得在上面转弯。

(14) 用火车或平板拖车运输起重机时,所用脚手板的坡度不得大于 15°。起重机装上车后,应将回转、行走、变幅等机构制动,并采用三角木楔紧履带两端,再牢固绑扎。后部配重用枕木垫实,不得使吊钩悬空摆动。

1.3.3 轮胎式起重机

1. 主要构造

轮胎式起重机的动力装置是采用柴油发动机带动直流发电机,再由直流发电机发出直流电传输到各个工作装置的电动机。行驶和起重操作在一室,行走装置为轮胎。起重臂为格构式,近年来逐步改为箱形伸缩式起重臂和液压支腿。

2. 特性

轮胎式起重机的机动性仅次于汽车式起重机。由于行驶与起重操作同在一室,结构简化,使用方便。因采用直流电为动力,可以做到无级变速,动作平稳,无冲击感,对道路没有破坏性。

轮胎式起重机广泛应用于车站、码头装卸货物及一般工业厂房结构吊装。

3. 轮胎式起重机安全技术要求

可参照汽车式起重机的安全使用要求。

1.4 构件与设备吊装

大型构件和设备安装技术是建设工程的重要组成部分,而吊装技术是大型构件和设备安装的主要技术手段。

大型构件和设备吊装技术的分类:大型吊车吊装技术、桅杆滑移法吊装、桅杆扳转法吊装技术、无锚点吊推法吊装技术、移动式龙门桅杆吊装技术、滑移法吊装技术。

1.4.1 大型吊车的吊装

大型吊车吊装技术的基本原理就是利用吊车提升重物的能力,通过吊车旋转、变幅等动作,将工件吊装到指定的空间位置。

1. 技术特点

(1) 吊装工艺计算简单。
(2) 劳动强度低。
(3) 工效高,施工速度快。
(4) 控制相对集中。

(5) 自动化程度高，自动报警功能先进。
(6) 人机适应性好，操作简单舒适。

2. 吊装的分类

(1) 单机吊装：即在吊车允许的回转范围和吊装半径内实现一定重量工件的吊装，不需要再采取其他辅助措施。

(2) 单机滑移：在单机滑移时，主吊车臂杆不回转，只是吊钩提升，提升的速度应与工件底部滑移的速度相协调，保持主吊车的吊钩处于垂直状态。

(3) 双机抬吊：双机抬吊工件时，应事先精确设计吊耳的不同位置，使工件按合理的比例分配。抬吊时，应注意两台吊车协同动作，以防互相牵引产生不利影响。吊车抬吊时，吊车的起重能力要打折计算，打折幅度一般为 75%～85%。

(4) 双机滑移：兼有双机抬吊与单机滑移的特性。双机滑移时，工件尾部可以采用吊车递送，也可以采用尾排溜送。

(5) 多机抬吊：吊车数量多于 3 台时应采用平衡轮、平衡梁等调节措施来调整各吊车的受力分配。同时每台吊车都要乘以 75% 的折减系数。

(6) 偏心夺吊：偏心夺吊的主吊车可以为 1 台或 2 台。应事先精确计算工件的重心位置和吊点位置、设备腾空后的倾斜角度和夺吊力。夺吊力产生的倾覆力矩不应该使吊车的总倾覆力矩超出允许范围。

3. 安全技术要求

(1) 双吊车吊装时，2 台主吊车宜选择相同规格型号的大吊车，其吊臂长度、工作半径、提升滑轮组跑绳长度及吊索长度均应相等。

(2) 辅助吊车吊装速度应与主吊车相匹配。

(3) 根据三点确定一个刚体在空间方位的原理，溜尾最好采用单吊点。

(4) 吊车吊钩偏角不应大于 3°。

(5) 吊车不应同时进行两种动作。

(6) 多台吊车共同作业时，应统一指挥信号与指挥体系，并应有指挥细则。

(7) 多吊车吊装应进行监测，必要时应设置平衡装置。

(8) 辅助吊车松钩时，立式设备的仰角不宜大于 75°。

(9) 工件底部使用尾排移送时，尾排移送速度应与吊车提升速度匹配；立式设备脱离尾排时其仰角应小于临界角。

(10) 当采用吊车配合回转铰扳转工件时，吊车应位于工件侧面而不应在危险区内；回转铰的水平分力要有妥善的处理措施。

1.4.2 桅杆滑移法吊装

桅杆滑移法吊装是利用桅杆起重机提升滑轮组能够向上提升这一动作，设置尾排及其他索具配合，将立式静置工件吊装就位。

1. 技术特点

(1) 机具简单。

(2) 桅杆系统地锚分散，其承载力较小。

(3) 滑移法吊装时工件承受的轴向力较小。

（4）滑移法吊装一般不会对设备基础产生水平推力。

（5）作业覆盖面广。

（6）桅杆可灵活布置。

2. 吊装技术分类

（1）倾斜单桅杆滑移法

吊装机具为一根单金属桅杆及其配套系统。主桅杆倾斜布置，吊钩在空载情况下自然下垂，基本对正设备的基础中心（预留加载后桅杆的顶部挠度）。在吊装过程中，主桅杆吊钩提升设备上升，设备下部放于尾排上，通过牵引索具水平前行逐渐使设备直立。设备脱排后，由主桅杆提升索具将设备吊悬空，由溜尾索具等辅助设施调整，将工件就位，如图 1-23 所示。

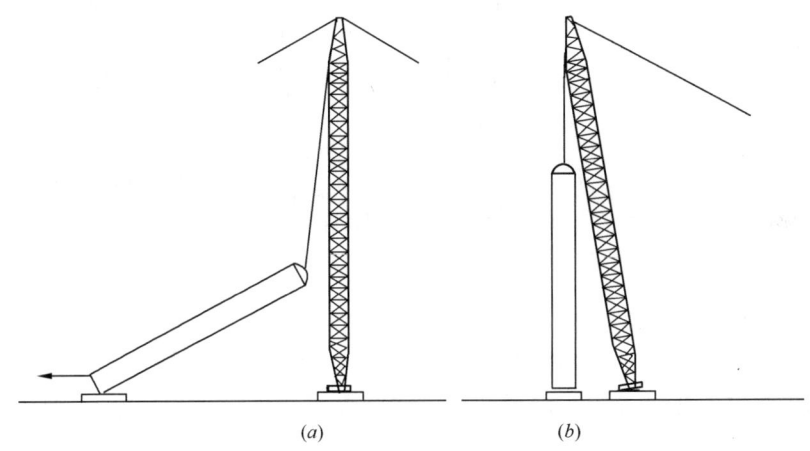

图 1-23 单桅杆滑移吊装
(*a*) 侧面图；(*b*) 正面图

（2）双桅杆滑移法

主要吊装机具为两根金属桅杆及其配套系统。两根主桅杆应处于直立状态，对称布置在设备的基础两侧。在吊装过程中，两根主桅杆的提升滑轮组抬吊设备的上部，设备下部放于尾排上，同时通过牵引索具拽拉使设备逐步直立到就位，如图 1-24 所示。

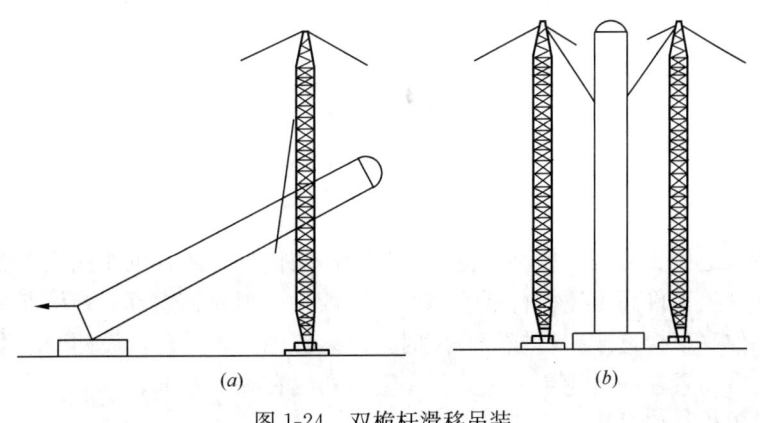

图 1-24 双桅杆滑移吊装
(*a*) 侧面图；(*b*) 正面图

(3) 双桅杆高基础抬吊法

此方法主要吊装机具的配置与双桅杆滑移法基本相同,但是由于工件基础较高,吊装过程的受力分析与双桅杆滑移法不同。在同样的重量下,高基础抬吊时桅杆系统的受力较大,力的变化也比较复杂,它的几何状态决定了起升滑轮组和溜尾拖拉绳的受力大小,如图1-25所示。

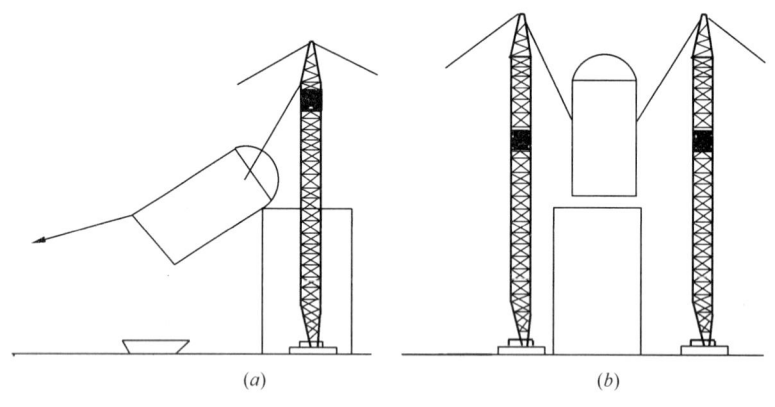

图1-25 双桅杆高基础抬吊
(a) 侧面图;(b) 正面图

(4) 直立单桅杆夺吊法

主要吊装机具为一根金属桅杆及其配套系统。主桅杆滑轮组提升工件上部,工件下部设拖排。为协助主桅杆提升索具向预定方向倾斜而设置索吊(引)索具以防止设备(工件)碰撞桅杆,并保持一定的间隙,直到使其转向直立就位,如图1-26所示。

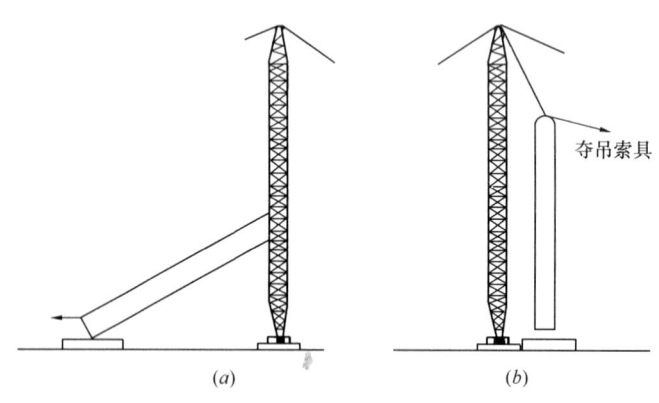

图1-26 直立桅杆夺吊
(a) 正面图;(b) 侧面图

此方法不仅适用于完成工件高度低于桅杆的吊装任务,而且也能完成工件高度高于桅杆的吊装任务。当工件高度比桅杆低许多时,一般设一套夺吊索具,夺吊点宜布置在动滑轮组上。当工件高度接近或超过桅杆高度时,吊装较困难,一般需设两套吊索具方能使工件就位。一套宜布置在动滑轮组部位,另一套宜布置在工件底部。

(5) 倾斜单桅杆偏吊法

主要吊装机具为一根金属桅杆及其配套系统。主桅杆倾斜一定角度布置,并且主吊钩应该预先偏离基础中心一定的距离。工件吊耳偏心并稍高于重心。工件在主桅杆提升滑轮组与尾排的共同作用下起吊悬空，呈自然倾斜状态，然后在工件底部加一水平夺吊（引）索具将工件拉正就位，如图1-27所示。

（6）龙门桅杆滑移法

由于一般的金属桅杆本体上的吊耳是偏心设置的，因此桅杆作用时不但承受较大的轴向压力，同时还存在着较大的弯矩，吊装能力受到抑制。龙门桅杆通过上横梁以铰接的方式将两根单桅杆连接成门式桅杆，铰接点一般设在桅杆顶部正中。吊装过程中，工件设一个或两个吊耳，通过绑扎在龙门桅杆横梁上的滑轮组提升，工件底部设尾排配合提升，其运动方式与双桅杆滑移法相似，如图1-28所示。

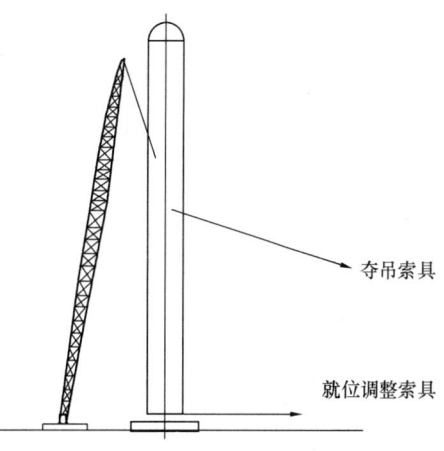

图1-27 倾斜单桅杆偏心夺吊

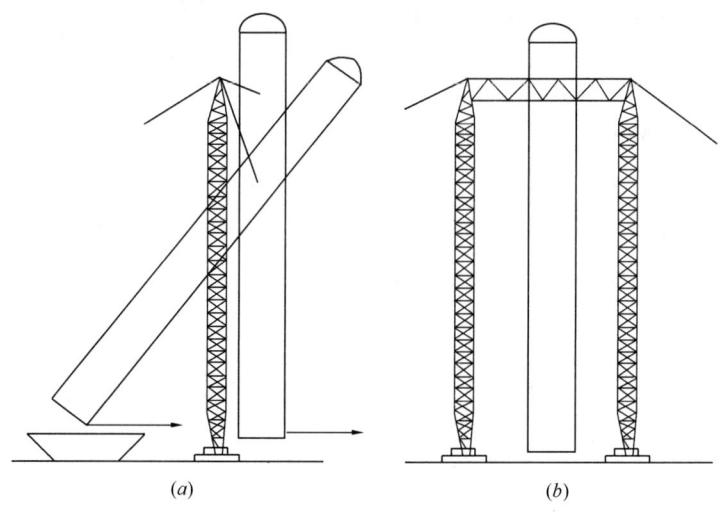

图1-28 龙门桅杆滑移吊装
(a) 侧面图；(b) 正面图

3. 安全技术要求

（1）吊装系统索具应处于受力合理的工作状态，否则应有可靠的安全措施。

（2）当提升索具、牵引索具、溜尾索具、夺吊索具或其他辅助索具不得不相交时，应在适当位置用垫木将其隔开。

（3）试吊过程中，发现有下列现象时，应立即停止吊装或者使工件复位，判明原因妥善处理，经有关人员确认安全后，方可进行试吊。

1) 地锚冒顶、移位。

2) 钢丝绳抖动。

3) 设备或机具有异常声响、变形、裂纹。

4) 桅杆地基下沉。

5）其他异常情况。

（4）工件吊装抬头前，如果需要，后溜索具应处于受力状态。

（5）工件超越基础时，应与基础或地脚螺栓顶部保持200mm以上的安全距离。

（6）吊装过程中，应监测桅杆垂直度和重点部位（主风绳及地锚、后侧风绳及地锚、吊点处工件本体、提升索具、跑绳、导向滑轮、主卷扬机等）的变化情况。

（7）采用低桅杆偏心提吊法，并且设备为双吊点、桅杆为双吊耳时，应及时调整两套提升滑轮组的工作长度，并监测以防设备滚下尾排。

（8）桅杆底部应采取封回措施，以防止桅杆底部因桅杆倾斜或者跑绳的水平作用而发生移动。

（9）吊装过程中，工件绝对禁止碰撞桅杆。

1.4.3 桅杆扳转法吊装

桅杆扳转法吊装是指在立式静置设备或构件整体安装时，在工件的底部设置支撑回转铰链，用于配合桅杆，将工件围绕其铰轴从躺倒状态旋转至直立状态，以达到吊装工件就位的目的。桅杆扳转法吊装技术适用于重型的塔类设备和构件的吊装，但不适用于工件基础过高的工件吊装。

1. 技术分类

桅杆扳转法吊装的方法很多，但有以下几个共同点：使用桅杆作为主要机具，工件底部设回转铰链，吊装受力分析基本一致。

（1）按工件和桅杆的运动形式划分

1）单转法：吊装过程中，工件绕其铰轴旋转至直立而桅杆一直保持不动，如图1-29所示。

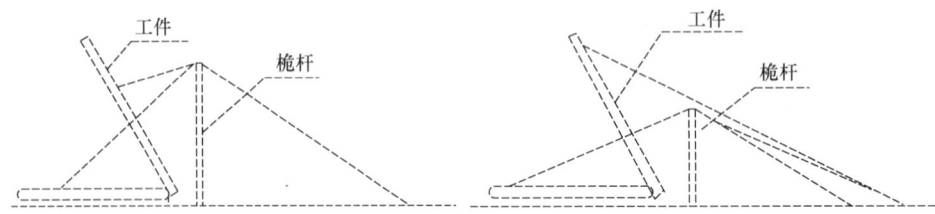

图1-29 单转法吊装示意

2）双转法：吊装过程中，工件绕其铰轴旋转而桅杆也绕本身底铰旋转，当工件回转至直立状态时桅杆基本旋转至躺倒状态。因此双转法也称为扳倒法。在双转法中，桅杆的旋转方向可以离开工件基础，也可倒向工件基础，如图1-30所示。

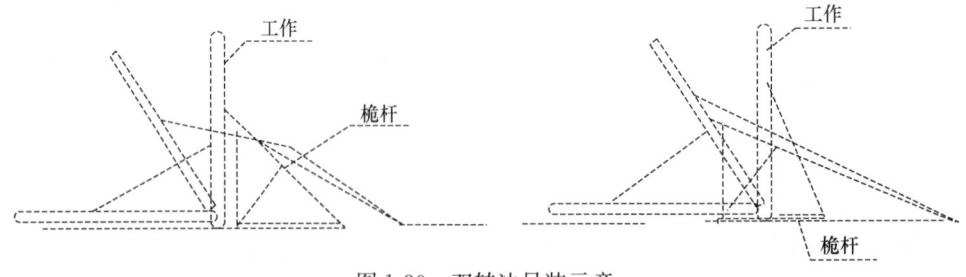

图1-30 双转法吊装示意

(2) 按桅杆的形式划分

1) 单桅杆扳转法。

2) 双桅杆扳转法。

3) 人字（A字）桅杆扳转法。

4) 门式桅杆扳转法。

(3) 按工件上设置的扳吊点的数量划分

1) 单吊点扳吊：工件上设一个或一对吊点，当工件本体强度和刚度较大时适用。

2) 多吊点扳吊：当工件柔度过大或强度不足时，可在工件上设置多组吊点，采取分散受力点的方法保证工件吊装强度，控制工件不变形，而无需对工件采取加固措施，如图1-31所示。

(4) 按桅杆底部机构划分

1) 独立基础扳转法：用于扳立工件的桅杆具有独立的基础，吊装过程中对基础产生的水平分力由专门的锚点予以平衡。

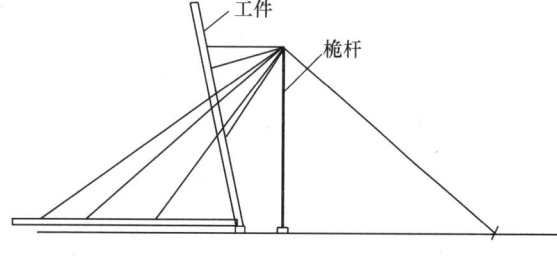

图1-31 多吊点扳吊示意

2) 共享底铰扳转法：在采用双转法扳吊工件时，桅杆底部的回转铰链与工件底部的回转铰链共享同一个铰支座。

2．安全技术要求

(1) 避免工件在扳转时产生偏移，地锚应用经纬仪定位。

(2) 单转法吊装时，桅杆宜保持前倾 $1°\pm0.5°$ 的工作状态；双转法吊装时，桅杆与工件间宜保持 $89°\pm0.5°$ 的初始工作状态。

(3) 重要滑轮组宜串入拉力表监测其受力情况。

(4) 前扳起滑轮组及索具与后扳起滑轮组及索具预拉力（主缆风绳预拉力）应同时进行调整。

(5) 桅杆竖立时，应采取措施防止桅杆顶部扳起绳扣脱落，吊装前必须解除该固定措施。

(6) 为保证两根桅杆的扳起索具受力均匀，应采用平衡装置。

(7) 应在工件与桅杆扳转主轴线上设置经纬仪，监测其顶部偏移和转动情况。顶部横向偏差不得大于其高度的1/1000，且最大不得超过600mm。

(8) 塔架（例如火炬塔、电视塔）柱脚应用杆件封固。

(9) 双转法吊装时，在设备扳至脱杆角之后，宜先放倒桅杆，以减少溜尾索具的受力。

(10) 对接时，如扳起绳扣不能及时脱，可收紧溜放滑轮组强制其脱杆，以避免扳起绳扣以后突然弹起。

1.4.4 无锚点吊推法吊装

无锚点吊装技术的方法很多，它们的共同点在于利用自平衡装置的运动达到吊装工件就位的目的。自平衡起重装置由工件和推杆等吊装用具共同组成的一个封闭系统，突破了被吊物体作为被平衡对象的传统观念,而将其作为实现起重装置自平衡的一种必要手段。在这个系统里,当工件绕其下部铰链旋转竖立时,仅由系统内所受重力的相互作用而在工件纵轴线的旋转平面内实现稳定平衡。自平衡起重装置实现稳定平衡时,不需要也不应有重力以外的其他外力作用,故也称内平衡装置。

1. 无锚点吊推法吊装

无锚点吊推法是既吊又推的吊装工艺。无锚点吊推法自平衡装置由吊推门架、前挂滑轮组、后挂滑轮组、推举滑轮组、铰链钢排、滑道、设备底铰链等组成。无锚点吊推法是以门架的水平位移来达到工件直立的目的,整个吊装过程实际上类似于连杆机构的运动。在吊推过程中,门架为吊具;门架底部用滑轮组与工件底部的旋转铰链轴杆相连形成推举滑轮组;门架顶部横梁用滑轮组与工件前(后)吊挂点相连,组成前(后)挂滑轮组。门架上部要设缆风绳,工件吊装时产生的水平力,由推举滑轮组索具拉紧时相互抵消。跑绳拉出力引向卷扬机与卷扬机锚点得以平衡。吊推系统的吊具索具配置,如图1-32所示。

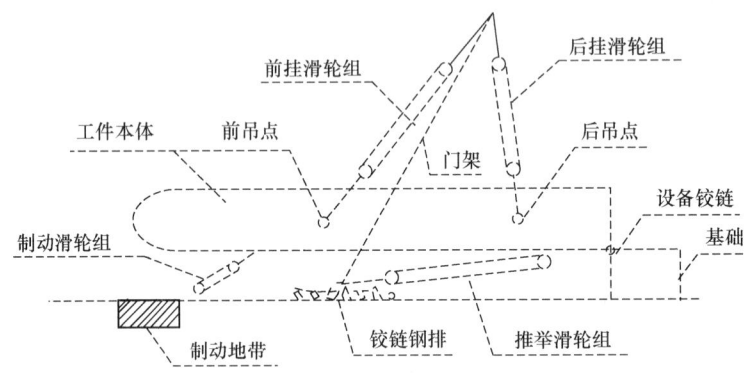

图1-32 吊推系统配置

2. 适用范围

无锚点吊推法适用于塔类设备和构筑物的整体吊装,特别适用于施工场地狭窄、地势复杂和现场障碍物多的场合。

3. 安全技术要求

(1) 门架是工件吊推的重要机具,应检查门架制造和承载试验的证明文件,合格后方可使用。

(2) 对工件在吊装中各不利状态下的强度与稳定性应进行核算,必要时采取加固措施。

(3) 工件底部铰链组焊接要严格按技术要求进行。焊缝要经过100%无损探伤。

(4) 在门架的上、下横梁中心画出标记,用经纬仪随时监控门架左右的侧向移动盘,及时反馈给指挥者以便调整。

(5) 门架两立柱上应挂设角度盘来进行监测。

(6) 门架底部的滚道上标出刻度,以此监测两底座移动的前后偏差。

(7) 溜尾滑轮组上下两端的绑扎绳应采取同一根绳索对折使用,严禁使用单股钢丝绳,以防滑轮组钢丝绳打绞。

(8) 雨天或风力大于四级时不得进行吊推作业。

1.4.5 移动式龙门桅杆吊装

移动式龙门桅杆是受龙门吊的启发而设计出来的一种吊装机具。吊装时，将移动龙门桅杆竖立在指定位置，确定龙门上横梁吊点的纵向投影线与工件就位时的纵轴线重合，然后在龙门架上拴挂起升用滑轮组，或在上横梁上安装起重小车。一切就绪后，将工件起吊到指定高度，通过大车行走或小移动，将工件吊装到指定位置后降落直至就位。

1. 组成

移动式龙门桅杆一般都是由自行设计且满足一定功能的标准杆件和特殊构件构成，具体包括：

(1) 上横梁。大型龙门架的上横梁一般为箱形梁或桁架梁。

(2) 立柱或支腿。在安装工程中，为了简化制造和安装，立桩（支腿）为格构式桅杆标准节。

(3) 行走机构。龙门架可采用卷扬机牵引或设置电动机自行控制其行走。

(4) 轨道。行走轨道分为单轨和双轨，当大车带载行走时，最好是在每侧设双轨，以保证龙门架的稳定性；单轨一般仅供龙门架空载行走，当吊装作业时需将龙门架底部垫实或在龙门架顶部设置缆风绳。

(5) 节点。龙门架立柱与上横梁之间的节点按照刚性对称设计，两侧底座按照不能侧移的铰接点考虑。

(6) 小车。上横梁上可以设置起重小车，也可以直接绑扎起升滑轮组，不设小车。

2. 技术特点与适用范围

移动式龙门桅杆适合于安装高度不高的重型工件吊装，尤其是在厂房已经建好、设备布局紧凑、场地狭窄等不能使用大型吊车吊装的情况下，能完成卸车、水平移动、吊装就位的连续作业。该方法工艺简单，操作灵活，指挥方便；施工机具因地制宜选择，结构简单，制造组装方便。

3. 安全技术要求

(1) 龙门架的制作与验收必须遵守《钢结构工程施工及验收规范》GB 50205 的要求。

(2) 在施工现场，应标出龙门架的组对位置，工件就位时龙门架所到达的位置以及行走路线的刻度，以监测龙门架两侧移动的同步性，要求误差小于跨度的 1/2000。

(3) 如果龙门架上设置两组以上起吊滑轮组，要求滑轮组的规格型号相同，并且选择相同的卷扬机。成对滑轮组应该位于与大梁轴线平行的直线上，前后误差不得大于两组滑轮组间距的 1/3000。

(4) 如果需要四套起吊滑轮组吊装大型工件，应该采用平衡梁。

(5) 如果龙门架采用卷扬机牵引行走，卷扬机的型号应该相同，同一侧的牵引索具选用一根钢丝绳做串绕绳，这样有利于两侧底座受力均匀，保证龙门架行走平衡、同步，其行走速度一般为 0.05m/s 以下。

(6) 轨道平行度误差小于 1/2000；跨度误差小于 1/5000 且不大于 10mm，两侧标高误差小于 10mm。

(7) 轨道基础要夯实处理，满足承载力的要求，跨越管沟的部位需要采取有效的加固措施。

(8) 如果工件吊装需要龙门架的高度很大,应该对龙门架采取缆风绳加固措施。

(9) 就位过程中,工件下落的速度要缓慢,且不得使工件在空中晃动,对位准确方可就位,不得强行就位。

1.4.6 滑移法吊装

1. 技术特点

滑移法是一种比较先进的施工方法,它具有设备工艺简单、施工速度快、费用低等优点。广泛用于周边支承的网架施工、桥梁工程中架设钢梁或预应力混凝土梁、钢结构屋架安装以及大型设备在特定条件下的安装。

2. 滑移系统的分类

滑移系统依照其功能和复杂程度,可划分为导向系统、牵引系统、液压执行系统、电气系统和计算机控制系统等。随牵引方式的不同,其系统组成有所差异。

(1) 导链牵引的滑移系统

导向承重系统:包括轨道或滑槽,滚轮或滑块、托架支撑,有些还配有导向轮。

牵引系统:10t 以下导链,在轨道梁面上每隔 36m 预埋一个挂环作为反力平衡销点的绑扎点。

控制方式:一般在轨道上标明刻度,采用人工读数的办法控制各牵引点的同步,精度要求不是很严格。

(2) 卷扬机牵引的滑移系统

导向原重系统:包括轨道或滑槽,滚轮或滑块,托架支撑一般需要配有导向轮。

牵引系统:包括卷扬机、滑轮组、导向滑轮、钢丝绳。在轨道端部预埋吊耳作为反力平衡销点的绑扎点。

控制方式:一般在轨道上标明刻度,采用人工读数的方式控制各牵引点的同步,或在工件上拖挂盘尺显示其行进刻度,同步控制要求很严格。

(3) 液压牵引的滑移系统

导向承重系统:液压牵引一般采用滑槽和滑块进行滑移,在混凝土中间隔 1~3m 预埋铁件,固定滑槽(槽钢)。

当每个牵引点采用单支液压千斤顶时,工件的滑移过程是不连续的,当千斤顶进油时工件运动,千斤顶回油时工件则处于暂时停顿。为使得液压牵引系统连续工作,可采用双缸串联技术。将两只千斤顶前后串联,运行时使其行程相反,这样在作业的任一时刻总有一个在伸缸,一个在缩缸,位移也就可以不间断地连续进行了。

液压执行系统:一般由一台泵站提供动力,包括油箱、油泵、控制阀组、高压橡皮胶管、液压油、过滤器等。为保证泵站在高温季度连续运行时液压油温不高于 60℃,还应配备风冷却装置。

电气系统:主要功能是传感检测、液压驱动和动力供电。通过传感检测电路,将液压行程、牵引位移盘等信号输入计算机系统;通过液压驱动电路,将计算机指令传递给液压控制阀组;通过动力供电网络,提供牵引等系统 380V、220V、24V 等各种交、直流电源,并且有抗干扰电源等安全措施。电气系统由配电箱、行程传感器、位移传感器、控制柜、单点控制箱和泵站控制箱等部分组成。

计算机控制系统：主要功能是控制液压牵引器的集群牵引作用，并将牵引偏差、启停加速度、牵引负载动态变化等控制在设计允许的范围内。一般采用两级控制，第一级是直接数字控制，控制被压执行系统进行作业；第二级是自动监督控制，对第一级的控制参数、控制算法的执行情况和执行效果进行监控和自动修正，并通过多因素模糊处理技术、故障自动检测调整、系统自适应和容错技术、实现了牵引系统运行的智能化、自动化。计算机在控制系统由前端高速采样机、后台微机等硬件以及相关软件组成。

3. 安全技术要求

(1) 对刚度、强度不足的杆件如檩条等，应采取措施防止滑移变形。

(2) 对滑移单元的划分，应考虑到连接的方便，并确保其形成稳定的刚度单元，否则应采取必要的加固措施。

(3) 滑移轨道的安装应按设计方案进行，确保有足够的预埋件、铺设精度，其安装过程应按吊车轨道的安装标准施工。

(4) 对所有滑行使用的起重机械进行完好检查，如刹车灵敏度、钢丝绳有无破坏。

(5) 滑道接口处的不平及毛刺要修整好，以防滑行时卡位。

(6) 统一指挥信号。

(7) 滑行中发现异常情况，必须立即停滑，找出原因方可继续滑移。

(8) 采用滑块与滑槽进行滑移时，一定要充分进行滑道润滑。滑块的材质硬度宜高于滑槽。

吊装作业必须遵守"十不吊"的原则：被吊物重量超过机械性能允许范围；信号不清；吊物下方有人；吊物上站人；埋在地下物；斜拉斜牵物；散物捆绑不牢；立式构件、大模板等不用卡环；零碎物无容器；吊装物重量不明。

1.5 物体吊点选择的原则

1.5.1 物体的稳定

起重吊运司索作业中，物体的稳定应从两方面考虑，一是物体吊运过程中，应有可靠的稳定性；二是物体放置时应保证有可靠的稳定性。

吊运物体时，为防止提升、运输中发生翻转、摆动、倾斜，应使吊点与被吊物体重心在同一条铅垂线上，如图 1-33 所示。

放置物体时存在支承面的平衡稳定问题。长方形物体竖放时，不同位置上的不同结果，如图 1-34 所示（长方体四种位置）。

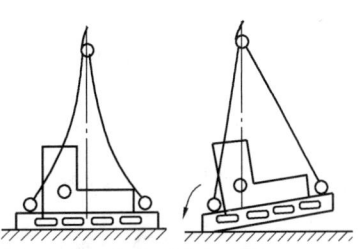

图 1-33 吊钩的吊点应与被吊重心在同一条铅垂线上

长方形物体在图 1-34（a）位置时，重力 G 作用线通过物体重心与支座反力只处于平衡状态；在图 1-34（b）位置时，在 F 的作用下，稍有倾斜，但重力 G 的作用线未超过支承面，此时三个力形成平衡状态，

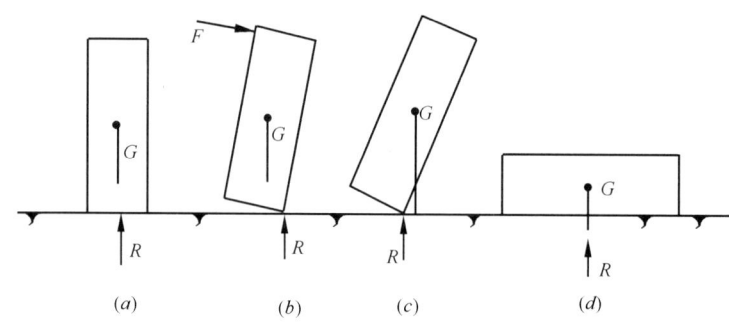

图 1-34 长方形四种重心位置

如果去掉 F，物体就会恢复到原来位置；当物体倾斜到重力 G 作用线超过支承边缘支座反力及时，即使不再施加 F，物体也会在重力 G 与 R 形成的力矩作用下翻倒，即失稳状态，如图 1-34 （c）位置。由此可见，要使原来处于稳定平衡状态的物体，在重力作用下翻倒，必须使物体的重力作用线超出支承面；如果将物体改为平放如图 1-34 （d）位置，其重心降低了很多，再使其翻倒就不容易了，这说明立放的物体重心高，支承面小，其稳定性差；而平放的物体重心低，支承面大，稳定性好。因此在司索吊运工作中，应观察了解物体的形状和重心位置，提高物体放置的稳定性。

1.5.2 物体吊点选择

在吊运各种物体时，为避免物体的倾斜、翻倒、变形损坏，应根据物体的形状特点、重心位置，正确选择起吊点，使物体在吊运过程中有足够的稳定性，以免发生事故。

1. 试吊法选择吊点

在一般吊装工作中，多数起重作业并不需用计算法来准确计算物体的重心位置，而是估计物体重心位置，采用低位试吊的方法来逐步找到重心，确定吊点的绑扎位置。

2. 有起吊耳环的物件

对于有起吊耳环的物件，其耳环的位置及耳环强度是经过计算确定的，因此在吊装过程中，应使用耳环作为连接物体的吊点。在吊装前应检查耳环是否完好，必要时可加保护性辅助吊索。

3. 长形物体吊点的选择

对于长形物体，若采用竖吊，则吊点应在重心之上。

用一个吊点时，吊点位置应在距离起吊端 $0.3l$（l 为物体长度）处，起吊时，吊钩应向长形物体下支承点方向移动，以保持吊点垂直，避免形成拖拽，产生碰撞，如图 1-35 （a）所示。

如采用两个吊点时，吊点距物体两端的距离为 $0.2l$ 处，如图 1-35 （b）所示。

采用三个吊点时，其中两端的吊点距两端的距离为 $0.13l$，而中间吊点的位置应在物体中心，如图 1-35 （c）所示。

在吊运长形刚性物体时（如预制构件）应注意，由于物体变形小或允许变形小，采用多吊点时，必须使各吊索受力尽可能均匀，避免发生物体和吊索的损坏。

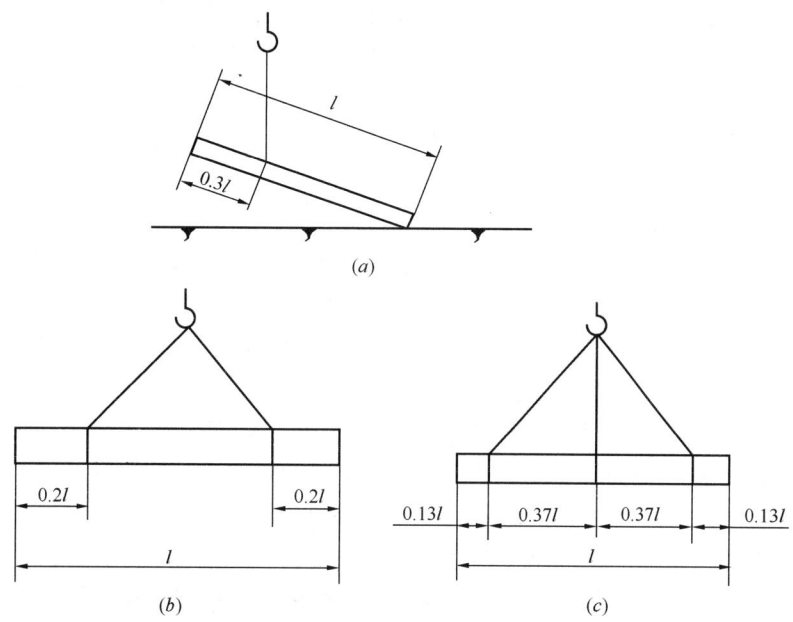

图 1-35　长方形物体吊点起吊位置

(a) 一个吊点起吊位置；(b) 两个吊点起吊位置；(c) 三个吊点起吊位置

4. 方形物体吊点的选择

吊装方形物体一般采用四个吊点，四个吊点位置应选择在四边对称的位置上。

5. 机械设备安装平衡辅助吊点

在机械设备安装精度要求较高时，为了保证安全顺利地装配，可采用辅助吊点配合简易吊具调节机件所需位置的吊装法。通常多采用环链手拉捯链来调节机体的位置，如图 1-36 所示。

6. 物体翻转吊运的选择

物体翻转常见的方法有兜翻法，将吊点选择在物体重心之下，如图 1-37 (a) 所示，或将吊点选择在物体重心一侧，如图 1-37 (b) 所示。

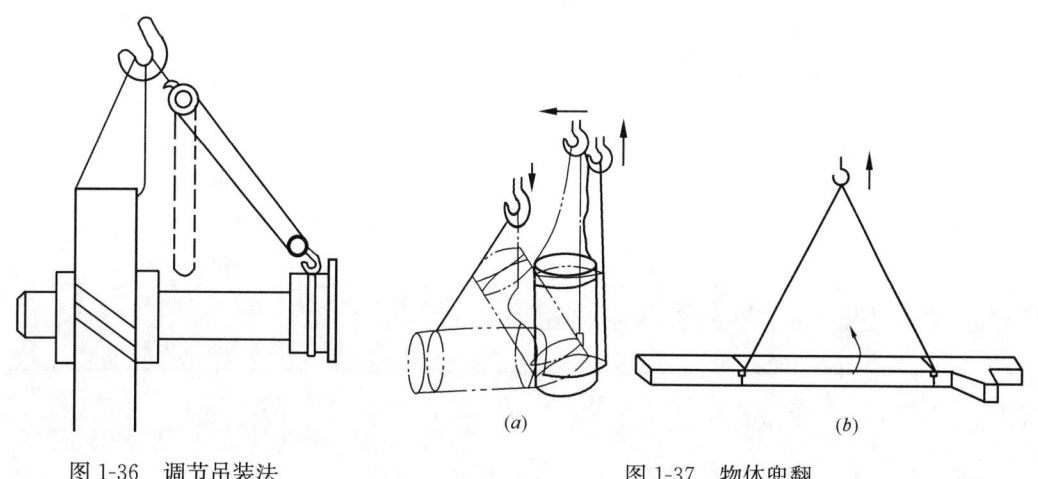

图 1-36　调节吊装法　　　　图 1-37　物体兜翻

物体兜翻时应根据需要加护绳，护绳的长度应略长于物体不稳定状态时的长度，同时应指挥吊车，使吊钩顺翻倒方向移动，避免物体倾倒后的碰撞冲击。

对于大型物体翻转，一般采用绑扎后利用几组滑车或主副钩或两台起重机在空中完成翻转作业。翻转绑扎时，应根据物体的重心位置、形状特点选择吊点，使物体在空中能顺利安全翻转。

例如：用主副钩对大型封头的空中翻转，在略高于封头重心相隔180°位置选两个吊装点 A 和 B，在略低于封头重心与 A、B 中线垂直位置选一吊点 C。主钩吊 A、B 两点，副钩吊 C 点，起升主钩使封头处在翻转作业空间内。副钩上升，用改变其重心的方法使封头开始翻转，直至封头重心越过 A、B 点，翻转完成 135°时，副钩再下降，使封头水平完成 180°空中翻转作业，如图 1-38 所示。

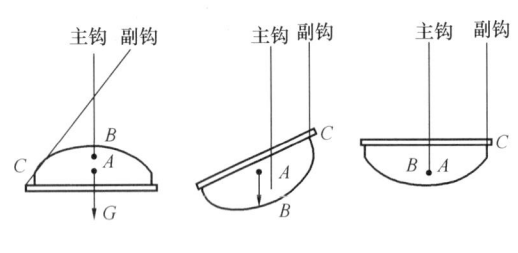

图 1-38 封头翻转 180°

物体翻转或吊运时，每个吊环、节点承受的力应满足物体的总重量，见表 1-6。

对大直径薄壁型物体和大型桁架构件吊装，应特别注意所选择吊点是否满足被吊物体整体刚度或构件结构的局部强度、刚度要求，避免起吊后发生整体变形或局部变形而造成的构件损坏。必要时应采用临时加固辅助吊具法，如图 1-39 所示。

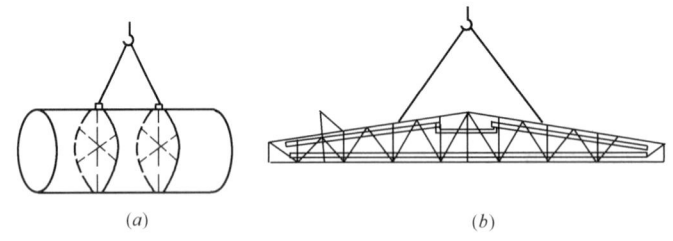

图 1-39 临时加固辅助吊具
（a）薄壁构件临时加固吊装；（b）大型屋架临时加固吊装

物体质量计算表　　　　　　　　表 1-6

序号	名称	计算系数
1	钢、铸钢	7.85（每立方米体积重量 t）
2	木材	0.5～0.7（每立方米体积重量 t）
3	黏土	1.9（每立方米体积重量 t）
4	混凝土	2.4（每立方米体积重量 t）
5	碎石、水泥	1.6（每立方米体积重量 t）
6	红砖	1.4～2.0（每立方米体积重量 t）
7	砂子	0.8～1.3（每立方米体积重量 t）

2 土方与筑路机械

本章要点：土方和筑路机械的基本安全要求以及推土机、铲运机、装载机、挖掘机、压路机、平地机、盾构机、蛙式打夯机以及降排水所用的水泵的特点、构造、功能及安全使用要求等。

2.1 概　　述

土石方工程必须根据土石方工程面广量大、施工条件复杂等特点，尽可能采用机械化与半机械化的施工方法，以减轻劳动强度，提高劳动生产率。土石方施工机械减轻了工人繁重的体力劳动，大大加快了施工进度。

机械施工中必须保证施工的安全，满足基本安全要求：

（1）土石方机械的内燃机、电动机和液压装置的使用，应符合《建筑机械使用安全技术规程》的规定。

（2）机械进入现场前，应查明行驶路线上的桥梁、涵洞的上部净空和下部承载能力，保证机械安全通过。承载力不够的桥梁，事先应采取加固措施。机械通过桥梁时，应采用低速挡慢行，在桥面上不得转向或制动。

（3）作业前，应查明施工场地明、暗设置物（电线、地下电缆、管道、坑道等）的地点及走向，并采用明显记号表示。严禁在离电缆、燃气管道1m距离以内进行大型机械作业。

（4）作业中，应随时监视机械各部位的运转及仪表指示值，如发现异常，应立即停机检修。

（5）机械运行中，严禁接触转动部位和进行检修。在修理（焊、铆等）工作装置时，应使其降到最低位置，并应在悬空部位垫上垫木。

（6）在电杆附近取土时，对不能取消的拉线、地垄和杆身，应留出土台。土台半径：电杆应为1.0~1.5m，拉线应为1.5~2.0m。并应根据土质情况确定坡度。

（7）机械不得靠近架空输电线路作业，并应按照相关规定留出安全距离。

（8）在施工中遇下列情况之一时应立即停工，待符合作业安全条件时，方可继续施工：

1）填挖区土体不稳定、有坍塌可能。

2）地面涌水冒浆，出现陷车或因雨发生坡道打滑。

3）发生大雨、雷电、浓雾、水位暴涨及山洪暴发等情况。

4）施工标志及防护设施被损坏。

5）工作面净空不足以保证安全作业。

6）出现其他不能保证作业和运行安全的情况。

（9）配合机械作业的清底、平地、修坡等人员，应在机械回转半径以外工作。当必须在回转半径以内工作时，应停止机械回转并制动好后，方可作业。当机械需回转工作时，机械操作人员应确认其回转半径内无人时，方可进行回转作业。

（10）雨期施工，机械作业完毕后，应停放在较高的坚实地面上。

（11）当对石方或冻土进行爆破作业时，所有人员、机具应撤至安全地带或采取安全保护措施。

（12）机械作业不得破坏基坑支护系统。

（13）在行驶或作业中，除驾驶室外，土方机械任何地方均严禁乘坐或站立人员。

土方机械种类较多，本书选择推土机、铲运机、装载机、挖掘机和压路机等机种，进行简单的介绍，这些机械各有一定的技术性能和合理的作业范围，作为施工组织者和有关专职管理人员都应熟悉它们的类型、性能和构造特点以及安全使用要求，合理选择施工机械和施工方法，发挥机械的效率，提高经济效益。

2.2 推 土 机

推土机是以履带式或轮胎式拖拉机牵引车为主机，再配置悬式铲刀的自行式铲土运输机械。主要进行短距离推运土方、石渣等作业。推土机作业时，依靠机械的牵引力，完成土壤的切削和推运。配置其他工作装置可完成铲土、运土、填土、平地、压实以及松土、除根、消除石块杂物等作业，是土方工程中广泛使用的施工机械。

按行走装置不同分为履带式和轮式推土机。履带式推土机附着性能好，接地比压小，通过性好，爬坡能力强，但行驶速度低，适用于条件较差地带作业，轮式推土机行驶速度快，灵活性好，不破坏路面，但牵引力小，通过性差。

按传动形式分为机械传动、液力机械传动和全液压传动三种。液力机械传动应用最广。

按发动机功率分为轻型、中型和大型推土机，轻型为发动机功率小于 75kW，中型为发动机功率 75～225kW，大型为发动机功率大于 225kW。

按用途分为通用型和专用型两种。

按工作装置形式分为直铲式和角铲式。

2.2.1 推土机的基本构造

履带式推土机以履带式拖拉机配置推土铲刀而成，轮胎式推土机以轮式牵引车配置推土铲刀而成。有些推土机后部装有松土器，遇到坚硬土质时，先用松土器松土，然后再推土。推土机主要由发动机、底盘、液压系统、电气系统、工作装置和辅助设备等组成，如图 2-1 所示。

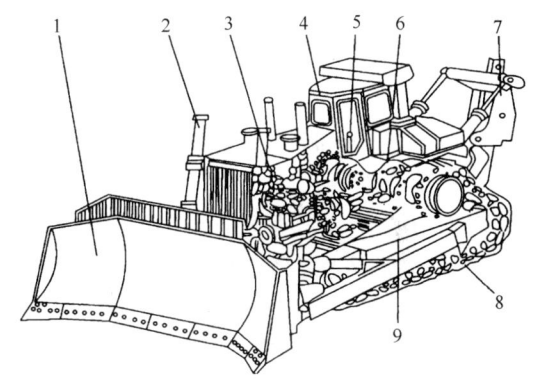

图 2-1 推土机的总体构造
1—铲刀；2—液压系统；3—发动机；4—驾驶室；
5—操纵机构；6—传动系统；7—松土器；
8—行走装置；9—推臂

2.2.2 推土机的选择

在工程施工中，应选择技术性和经济性适合的推土机，主要从以下四个方面考虑。

1. 土方工程量

当土方量大而且集中，应选用大型推土机；土方最小而且分散，应选用中、小型推土机；土质条件允许时，应选用轮胎式推土机。

2. 土的性质

一般推土机均适合于Ⅰ、Ⅱ级土施工或Ⅲ、Ⅳ级土预松后施工。如土质较密实、坚硬，或冬季冻土，应选择重型推土机，或带松土器的推土机。如土质属潮湿软泥，最好选用宽履带的湿地推土机。

3. 施工条件

修筑半挖半填的傍山坡道，可选用角铲式推土机；在水下作业，可选用水下推土机；在市区施工，应选用能够满足当地环保部门要求的低噪声推土机。

4. 作业条件

根据施工作业的多种要求，为减少投入机械台数和扩大机械作业范围，最好选择多功能推土机。

对推土机选型时，还必须考虑其经济性，即单位成本最低。单位土方成本取决于机械使用费和机械生产率。在选择机型时，结合施工现场情况，根据有关参数及经验资料，按台班费用定额，计算单方成本，经过分析比较，选择生产率高、单方成本低的合适机型。

2.2.3 推土机的安全使用要点

（1）推土机在坚硬土壤或多石土壤地带作业时，应先进行爆破或用松土器翻松。在沼泽地带作业时，应更换湿地专用履带板。

（2）不得用推土机推石灰、烟灰等粉尘物料和用作碾碎石块的作业。

（3）牵引其他机构设备时，应有专人负责指挥。钢丝绳的连接应牢固可靠。在坡道或长距离牵引时，应采用牵引杆连接。

（4）作业前重点检查项目应符合下列要求：

1）各部件无松动、连接良好。

2）燃油、润滑油、液压油等符合规定。

3）各系统管路无裂纹或泄漏。

4）各操纵杆和制动踏板的行程、履带的松紧度或轮胎气压均符合要求。

（5）启动前，应将主离合器分离，各操纵杆放在空挡位置，并应按照《建筑机械使用安全技术规程》的规定启动内燃机，严禁拖、顶启动。

（6）启动后应检查各仪表指示值，液压系统应工作有效；当运转正常、水温达到55℃、机油温度达到45℃时，方可全载荷作业。

（7）推土机机械四周应无障碍物，确认安全后，方可开动，工作时严禁有人站在履带或刀片的支架上。

（8）采用主离合器传动的推土机接合应平稳，起步不得过猛，不得使离合器处于半接合状态下运转；液力传动的推土机，应先解除变速杆的锁紧状态，踏下减速器踏板，变速杆应在一定挡位，然后缓慢释放减速踏板。

（9）在块石路面行驶时，应将履带张紧。当需要原地旋转或急转弯时，应采用低速挡进行。当行走机构夹入块石时，应采用正、反向往复行驶使块石排除。

（10）在浅水地带行驶或作业时，应查明水深，冷却风扇叶不得接触水面。下水前和出水后，均应对行走装置加注润滑脂。

（11）推土机上、下坡或超过障碍物时应采用低速挡。其上坡坡度不得超过25°，下坡坡度不得大于35°，横向坡度不得超过10°。在陡坡上（25°以上）严禁横向行驶，并不得急转弯。在上坡不得换挡，下坡不得空挡滑行。当需要在陡坡上推土时，应先进行填挖，使机身保持平衡，方可作业。

（12）在上坡途中，当内燃机突然熄灭，应立即放下铲刀，并锁住制动踏板。在推土机停稳后，将主离合器脱开，把变速杆放到空挡位置，用木块将履带或轮胎楔死，方可重新启动内燃机。

（13）下坡时，当推土机下行速度大于内燃机传动速度时，转向动作的操纵应与平地行走时操纵的方向相反，此时不得使用制动器。

（14）填沟作业驶近边坡时，铲刀不得越出边缘。后退时，应先换挡，方可提升铲刀进行倒车。

（15）在深沟、基坑或陡坡地区作业时，应有专人指挥，其垂直边坡高度不应大于2m。若超过上述深度时，应放出安全边坡，同时禁止用推土刀侧面推土。

（16）在推土或松土作业中不得超载，不得做有损于铲刀、推土架、松土器等装置的动作，各项操作应缓慢平稳。无液力变矩器装置的推土机，在作业中有超载趋势时，应稍微提升刀片或变换低速挡。

（17）推树时，树干不得倒向推土机及高空架设物。用大型推土机推房屋或围墙时，其高度不宜超过2.5m，用中小型推土机，其高度不宜超过1.5m。严禁推与地基基础连接的钢筋混凝土桩等建筑物。

（18）两台以上推土机在同一地区作业时，前后距离应大于8.0m，左右距离应大于1.5m。在狭窄道路上行驶时，未征得前机同意，后机不得超越。

（19）推土机顶推铲运机作助铲时，应符合下列要求：

1）进行助铲位置进行顶推中，应与铲运机保持同一直线行驶。

2）铲刀的提升高度应适当，不得触及铲斗的轮胎。

3）助铲时应均匀用力，不得猛推猛撞，应防止将铲斗后轮胎顶离地面或使铲斗吃土过深。

4）铲斗满载提升时，应减少推力，待铲斗提高地面后即减速脱离接触。

5）后退时，应先看清后方情况，当需绕过正后方驶来的铲运机倒向助铲位置时，宜从来车的左侧绕行。

（20）作业完毕后，应将推土机开到平坦安全的地方，落下铲刀，有松土器的应将松土器爪落下。在坡道上停机时，应将变速杆挂低速挡，接合主离合器，锁住制动踏板，并将履带或轮胎楔住。

（21）停机时，应先降低内燃机转速，变速杆放在空挡，锁紧液力传动的变速杆，分开主离合器，踏下制动踏板并锁紧，待水温降到75℃以下，油温度降到90℃以下时，方可熄火。

（22）推土机长途转移工地时，应采用平板拖车装运。短途行走转移距离不宜超过10km，铲刀距地面宜为400mm，不得用高速挡行驶和进行急转弯；不得长距离倒退行驶。并在行走过程中应经常检查和润滑行走装置。

（23）在推土机下面检修时，内燃机必须熄火，铲刀应放下或垫稳。

2.3 铲 运 机

2.3.1 铲运机的用途和分类

铲运机也是一种挖上兼运土的机械设备，它可以在一个工作循环中独立完成挖土、装土、运输和运土等工作,还兼有一定的压实和平地作用。铲运机运土距离较远,铲斗容量较大,是土方工程中应用最广泛的重要机种之一,主要用于大土方量的填挖和运输作业。

铲运机按行走方式分为：拖式和自行式两种。

铲运机按卸土方式分为：强制式、半强制式和自由式三种。

铲运机按铲斗容量分为：小型（$6m^3$以下）、中型（$6\sim15m^3$）、大型（$15\sim30m^3$）、特大型（$30m^3$以上）。

2.3.2 铲运机的基本构造

拖式铲运机本身不带动力，工作时由履带式或轮式拖拉机牵引。这种铲运机的特点是牵引车的利用率高，接地比压小，附着能力大和爬坡能力强等优点，在短距离和松软潮湿地带工程中普遍使用，工作效率低于自行式铲运机。

拖式铲运机由拖把、辕架、工作液压缸、机架、前轮、后轮和铲斗等组成。铲斗由斗体、斗门和卸土板组成。斗体底部的前面装有刀片，用于切土。斗体可以升降，斗门可以相对斗体转动，即打开或关闭斗门，以适应铲土、运土和卸土等不同作业的要求。

自行式铲运机多为轮胎式，一般由单轴牵引车和单轴铲斗两部分组成。有的在单轴铲斗后还装有一台发动机，铲土工作时可采用两台发动机同时驱动。采用单轴牵引车驱动铲土工作时，有时需要推土机助铲。轮胎式自行铲运机均采用低压宽基轮胎，以改善机器的通过性能。自行式铲运机本身具有动力，结构紧凑，附着力大，行驶速度快，机动性好，通过性好，在中距离土方转移施工中应用较多，效率比拖式铲运机高。

2.3.3 铲运机的安全使用要点

1. 拖式铲运机

（1）拖式铲运机牵引用拖拉机的使用应符合推土机的有关规定。

（2）铲运机作业时，应先采用松土器翻松。铲运作业区内应无树根、树桩、大的石块和过多的杂草等。

（3）铲运机行驶道路应平整结实，路面比机身应宽出2m。

（4）作业前，应检查钢丝绳、轮胎气压、铲土斗及卸土板回缩弹簧、拖把万向接头、支撑架以及各部滑轮等；液压式铲运机铲斗与拖拉机连接叉座与牵引连接块应锁定，各液压管路连接应可靠，确认正常后，方可起动。

（5）开动前，应使铲斗离开地面，机械周围应无障碍物，确认安全后，方可开动。

（6）作业中，严禁任何人上下机械，传递补物件，以及在铲斗内、拖把或机架上坐立。

（7）多台铲运机联合作业时，各机之间前后距离不得小于10m（铲土时不得小于5m），左右距离不得小于2m。行驶中，应遵守下坡让上坡、空载让重载、支线让干线的原则。

（8）在狭窄地段运行时，未经前机同意，后机不得超越。两机交会或超越平行时应减速，两机间距不得小于0.5m。

（9）铲运机上、下坡道时，应低速行驶，不得中途换挡，下坡时不得空挡滑行，行驶的横向坡度不得超过6°，坡宽应大于机身2m以上。

（10）在新填筑的土堤上作业时，离堤坡边缘不得小于1m。需要在斜坡横向作业时，应先将斜坡挖填，使机身保持平衡。

（11）在坡道上不得进行检修作业。在陡坡上严禁转弯、倒车或停车。在坡上熄火时，应将铲斗落地、制动牢靠后再行起动。下陡坡时，应将铲斗触地行驶，帮助制动。

（12）铲土时，铲土与机身应保持直线行驶。助铲时应有助铲装置，应正确掌握斗门开启的大小，不得切土过深。两机动作应协调配合，做到平稳接触，等速助铲。

（13）在下陡坡铲土时，铲斗装满后，在铲斗后轮未达到缓坡地段前，不得将铲斗提离地面，应防铲斗快速下滑冲击主机。

（14）在凹凸不平地段行驶转弯时，应放低铲斗，不得将铲斗提升到最高位置。

（15）拖拉陷车时，应有专人指挥，前后操作人员应协调，确认安全后，方可起步。

（16）作业后，应将铲运机停放在平坦地面，并应将铲斗落在地面上。液压操纵的铲运机应将液压缸缩回，将操纵杆放在中间位置，进行清洁、润滑后，锁好门窗。

（17）非作业行驶时，铲斗必须用锁紧链条挂牢在运输行驶位置上，机上任何部位均不得载人或装载易燃、易爆物品。

（18）修理斗门或在铲斗下检修作业时，必须将铲斗提起后用销子或锁紧链条固定，再用垫木将斗身顶住，并用木楔楔住轮胎。

2. 自行式铲运机

（1）自行式铲运机的行驶道路应平整坚实，单行道宽度不应小于5.5m。

（2）多台铲运机联合作业时，前后距离不得小于20m（铲土时不得小于10m），左右距离不得小于2m。

（3）作业前，应检查铲运机的转向和制动系统，并确认灵敏可靠。

（4）铲土或在利用推土机助铲时，应随时微调转向盘，铲运机应始终保持直线前进。不得在转弯情况下铲土。

（5）下坡时，不得空挡滑行，应踩下制动踏板辅助以内燃机制动，必要时可放下铲斗，以降低下滑速度。

（6）转弯时，应采用较大回转半径低速转向，操纵转向盘不得过猛；当重载行驶或在弯道上、下坡时，应缓慢转向。

（7）不得在大于15°的横坡上行驶，也不得在横坡上铲土。

（8）沿沟边或填方边坡作业时，轮胎离路肩不得小于0.7m，并应放低铲斗，降速缓行。

（9）在坡道上不得进行检修作业。遇在坡道上熄火时，应立即制动，下降铲斗，把变速杆放在空挡位置，然后方可启动内燃机。

（10）穿越泥泞或软地面时，铲运机应直线行驶，当一侧轮胎打滑时，可踏下差速器锁止踏板。当离开不良地面时，应停止使用差速器锁住踏板。不得在差速器锁止时转弯。

（11）夜间作业时，前后照明应齐全完好，前大灯应能照至30m；当对方来车时，应在100m以外将大灯光改为小灯光，并低速靠边行驶。非作业行驶时，同拖式铲运机第17条的规定。

2.4 装 载 机

装载机是一种作业效率较高的铲装机械，可用来装载松散物料，同时还能用于清理、刮平场地、短距离装运物料、牵引和配合运输车辆作装土使用。如更换相应的工作装置后，还可以完成推土、挖土、松土、起重等多种工作，且有较好的机动性，被广泛用于建筑、筑路、矿山、港口、水利及国防等各种建设中。

装载机在品种和数量方面都发展很快，类型很多。装载机按发动机功率分为小、中、大和特大型。功率小于74kW为小型，如ZL30装载机；功率74～147kW为中型，如ZL40装载机；功率147～515kW为大型，如ZL50装载机；功率大于515kW为特大型。按行走方式分为轮胎式和履带式两种。

2.4.1 轮胎式装载机的基本构造

轮胎式装载机是以轮胎式底盘为基础，配置工作装置和操纵系统组成。优点是重量轻，运行速度快，机动灵活，作业效率高，行走时不破坏路面。若在作业点较分散、转移频繁的情况下其生产率要比履带式高得多。缺点是轮胎接地比压大、重心高、通过性和稳定性差。目前国产ZL系列装载机都是轮式装载机，应用非常广泛。轮式装载机由工作装置、行走装置、发动机、传动系统、转向制动系统、液压系统、操纵系统和辅助系统组成。如图2-2所示。

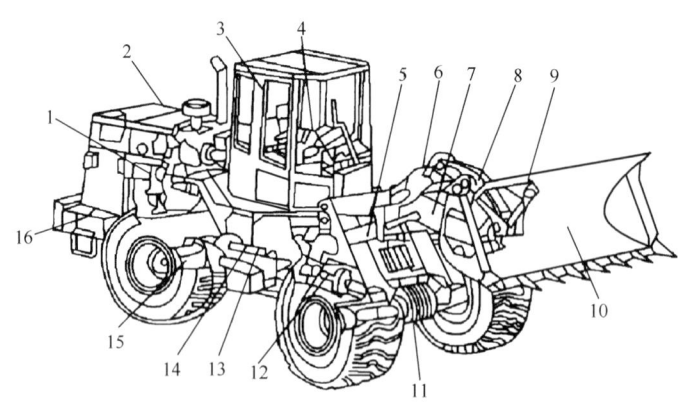

图2-2 轮胎式装载机总体结构

1—发动机；2—变矩器；3—驾驶室；4—操纵系统；5—动臂液压缸；6—转斗液压缸；7—动臂；8—摇臂；9—连杆；10—铲斗；11—前驱动桥；12—转动轴；13—转向液压缸；14—变速箱；15—后驱动桥；16—车架

2.4.2 履带式装载机

履带式装载机由于接地比压小、通过性好、重心低、稳定性好、附着性能好、牵引力大、单位插入力大；速度低、机动灵活性差、制造成本高、行走时易损路面、转移场地时需拖运。所以，用在工程量大，作业点集中，路面条件差的场合比较适合，工程机械一般不考虑。

2.4.3 装载机的安全使用要点

1. 装载机运距超过合理距离时，应与自卸汽车配合装运作业。自卸汽车的车厢容积应与铲斗容量相匹配。
2. 装载机不得在倾斜度超过出厂规定的场地上作业。作业区内不得有障碍物及无关人员。
3. 装载机作业场地和行驶道路应平坦。在土石方施工场地作业时，应在轮胎上加装保护链条或用钢质链板直边轮胎。
4. 作业前重点检查项目应符合下列要求：
 （1）照明、音响装置齐全有效。
 （2）燃油、润滑油、液压油符合规定。
 （3）各连接件无松动。
 （4）液压及液力传动系统无泄漏现象。
 （5）转向、制动系统灵敏有效。
 （6）轮胎气压符合规定。
5. 启动内燃机后，应怠速空运转，各仪表指示值应正常，各部管路密封良好，待水温达到55℃、气压达到0.45MPa后，方可起步行驶。
6. 起步前，应先鸣声示意，宜将铲斗提升离地0.5m。行驶过程中应测试制动器的可靠性。行走路线应避开路障或高压线等。除规定的操作人员外，不得搭乘其他人员，严禁铲斗载人。
7. 高速行驶时应采用前两轮驱动；低速铲装时，应采用四轮驱动。行驶中，应避免突然转向。铲斗装载后升起行驶时，不得急转弯或紧急制动。
8. 在公路上行驶时应遵守交通规则，下坡不得空挡滑行。
9. 装料时，应根据物料的密度确定装载量，铲斗应从正面铲料，不得铲斗单边受力。卸料时，举臂翻转铲斗应低速缓慢动作。
10. 操纵手柄换向时，不应过急、过猛。满载操作时，铲臂不得快速下降。
11. 在松散不平的场地作业时，应把铲臂放在浮动位置，使铲斗平稳地推进；当推进阻力过大时，可稍稍提升铲臂。
12. 铲臂向上或向下动作到最大限度时，应速将操纵杆回到空挡位置。
13. 不得将铲斗提升到最高位置运输物料。运载物料时，宜保持铲臂下铰点离地面0.5m，并保持平稳行驶。
14. 铲装或挖掘应避免铲斗偏载。铲斗装满后，应举臂到距地面约0.5m时，再后退、转向、卸料，不得在收斗或举臂过程中行走。
15. 当铲装阻力较大，出现轮胎打滑时，应立即停止铲装，排除过载后再铲装。
16. 在向自卸汽车装料时，铲斗不得在汽车驾驶室上方越过。当汽车驾驶室顶无防护板，装料时，驾驶室内不得有人。
17. 在向自卸汽车装料时，宜降低铲斗，减小卸落高度，不得偏载、超载和砸坏车厢。
18. 在边坡、壕沟、凹坑卸料时，轮胎离边缘距离应大于1.5m，铲斗不宜过于伸出。

在大于3°的坡面上，不得前倾卸料。

19. 作业时，内燃机水温不得超过90℃，变矩器油温不得超过110℃，当超过上述规定时，应停机降温。

20. 作业后，装载机应停放在安全场地，铲斗平放在地面上，操纵杆置于中位，并制动锁定。

21. 装载机转向架未锁闭时，严禁站在前后车架之间进行检修保养。

22. 装载机铲臂升起后，在进行润滑或调整等作业之前，应装好安全销，或采取其他措施支住铲臂。

23. 停车时，应使内燃机转速逐步降低，不得突然熄火；应防止液压油因惯性冲击而溢出油箱。

2.5 挖 掘 机

挖掘机是以开挖土、石方为主的工程机械、广泛用于各类建设工程的土、石方施工中，如开挖基坑、沟槽和取土等。更换不同工作装置，可进行破碎、打桩、夯土、起重等多种作业。

单斗挖掘机是土石方工程中普遍使用的机械。有专用型和通用型之分，专用型供矿山采掘用，通用型主要用在各种建设工程施工中。其特点是挖掘力大，可以挖Ⅵ级以下的土壤和爆破后的岩石。

单斗挖掘机可以将挖出的土石就近卸掉或配备一定数量的自卸车进行远距离的运送。此外，其工作装置根据建设工程的需要可换成起重、碎石、钻孔和抓斗等多种工作装置，扩大了挖掘机的使用范围。

单斗挖掘机的种类按传动的类型不同可分为机械式和液压式两类；按行走装置不同可分为履带式、轮胎式和步履式三种。

2.5.1 单斗液压挖掘机的基本构造

单斗挖掘机主要由工作装置、回转机构、回转平台、行走装置、动力装置、液压系统、电气系统和辅助系统等组成。工作装置是可更换的，可以根据作业对象和施工的要求进行选用。

2.5.2 单斗挖掘机安全使用要点

1. 单斗挖掘机的作业和行走场地应平整坚实，对松软地面应垫以枕木或垫板，沼泽地区应先作路基处理，或更换湿地专用履带板。

2. 轮胎式挖掘机使用前应支好支腿并保持水平位置，支腿应置于作业面的方向，转向驱动桥应置于作业面的后方。采用液压悬挂装置的挖掘机，应锁住两个悬挂液压缸。履带式挖掘机的驱动轮应置于作业面的后方。

3. 作业前重点检查项目应符合下列要求：

(1) 照明、信号及报警装置等齐全有效。

(2) 燃油、润滑油、液压油符合规定。

(3) 各铰接部分连接可靠。

(4) 液压系统无泄漏现象。

(5) 轮胎气压符合规定。

4. 启动前，应将主离合器分离，各操纵杆放在空挡位置，驾驶员应发出信号，确认安全后方可启动设备，并应按照本规程有关规定启动内燃机。

5. 启动后，接合动力输出，应先使液压系统从低速到高速空载循环 10～20min，无吸空等不正常噪声，工作有效，并检查各仪表指示值，待运转正常再接合主离合器，进行空载运转，顺序操纵各工作机构并测试各制动器，确认正常后，方可作业。

6. 作业时，挖掘机应保持水平位置，将行走机构制动住，并将履带或轮胎楔紧。

7. 平整作业场地时，不得用铲斗进行横扫或用铲斗对地面进行夯实。

8. 挖掘岩石时，应先进行爆破。挖掘冻土时，应采用破冰锤或爆破法使用冻土层破碎。

9. 挖掘机正铲作业时，除松散土壤外，其最大开挖高度和深度，不应超过机械本身性能规定。在拉铲或反铲作业时，履带距工作面边缘距离应大于 1.0m，轮胎距工作面边缘距离应大于 1.5m。

10. 遇较大的坚硬石块或障碍物时，应待清除后方可开挖，不得用铲斗破碎石块、冻土或用单边斗齿硬啃。

11. 在坑边进行挖掘作业，当发现有塌方危险时，应立即处理或将挖掘机撤至安全地带。作业面不得留有伞沿及松动的大块石。

12. 作业时，应待机身停稳后再挖土，当铲斗未离开工作面时，不得作回转、行走等动作。回转制动时，应使用回转制动器，不得用转向离合器反转制动。

13. 作业时，各操纵过程应平稳，不宜紧急制动。铲斗升降不得过猛，下降时，不得撞碰车架或履带。

14. 斗臂在抬高及回转时，不得碰到洞壁、沟槽侧面或其他物体。

15. 向运土车辆装车时，应降低挖铲斗卸落高度，不得偏装或砸坏车厢。回转时严禁铲斗从运输车驾驶室顶上越过。

16. 作业中，当液压缸伸缩将达到极限位时，应动作平稳，不得冲撞极限块。

17. 作业中，当需制动时，应将变速阀置于低速挡位置。

18. 作业中，当发现挖掘力突然变化，应停机检查，严禁在未查明原因前擅自调整分配阀压力。

19. 作业中不得打开压力表开关，且不得将工况选择阀的操纵手柄放在高速挡位置。

20. 反铲作业时，斗臂应停稳后再挖土。挖土时，斗柄伸出不宜过长，提斗不得过猛。

21. 作业中，履带式挖掘机作短距离行走时，主动轮应在后面，斗臂应在正前方与履带平行，制动住回转机构，铲斗应离地面 1m。上、下坡道不得超过机械本身允许最大坡度，下坡应慢速行驶。不得在坡道上变速和空挡滑行。

22. 轮胎式挖掘机行驶前，应收回支腿并固定好，监控仪表和报警信号灯应处于正常显示状态。轮胎气压应符合规定，工作装置应处于行驶方向的正前方，铲斗应离地面 1m。长距离行驶时，应采用固定销将回转平台锁定，并将回转制动板踩下后锁定。

23. 当在坡道上行走且内燃机熄火时,应立即制动并楔住履带或轮胎,待重新发动后,方可继续行走。

24. 作业后,挖掘机不得停放在高边坡附近和填方区,应停放在坚实、平坦、安全的地带,将铲斗收回平放在地面上,所有操纵杆置于中位,关闭操纵室和机棚。

25. 履带式挖掘机转移工地应采用平板拖车装运。短距离自行转移时,应低速缓行。

26. 保养或检修挖掘机时,除检查内燃机运行状态外,必须将内燃机熄火,并将液压系统卸荷,铲斗落地。

27. 利用铲斗将底盘顶起进行检修时,应使用垫木将抬起的履带或轮胎垫稳,并用木楔将落地履带或轮胎楔牢,然后将液压系统卸荷,否则严禁进入底盘下工作。

2.6 压 路 机

在建设工程中,压路机主要用来对公路、铁路、市政建设、机场跑道、堤坝等建筑物地基工程的压实作业,以提高土石方基础的强度,降低雨水的渗透性,保持基础稳定,防止沉陷,是基础工程和道路工程中不可缺少的施工机械。

压路机可分为静作用压路机、光轮压路机、羊脚压路机、轮胎压路机和振动压路机。

2.6.1 静作用压路机

静作用压路机是以其自身质量对被压实材料施加压力,消除材料颗粒间的间隙,排除空气和水分,以提高土壤的密实度、强度、承载能力和防渗透性等的压实机械,可用来压实路基、路面、广场和其他各类工程的地基等。

2.6.2 光轮压路机

自行式光轮压路机根据滚轮和轮轴数目,国产主要有两轮两轴式和三轮两轴式两种。这两种压路机除轮数不同外,其结构基本相同。

2.6.3 羊脚压路机

羊脚压路机(通称羊脚碾)是在普通光轮压路机的碾轮上装置若干羊脚或凸块的压实机械,故也称凸块压路机。凸块(羊脚)有圆形、长方形和菱形等多种,它的高度与碾重和压实深度有关,凸块高度与碾轮之比一般为1∶8~1∶5。除滚压轮外,自行式凸块(羊脚)压路机与光轮压路机的构造基本相同。

2.6.4 轮胎压路机

轮胎压路机通过多个特制的充气轮胎来压实铺层材料。由于具有接触面积大,压实效果好等特点,因而广泛用于压实各类建筑基础、路面、路基和沥青混凝土路面。

2.6.5 振动压路机

振动压路机是利用自身重力和振动作用对压实材料施加静压力和振动压力,振动压力给予压实材料连续向频振动冲击坡,使压实材料颗粒产生加速运动,颗粒间内摩擦力大大降低，小颗粒填补孔隙，排出空气和水分，增加压实材料的密实度，提高其强度及防渗透性。振动用路机与静作用压路机相比，具有压实深度大、密实度高、质量好以及压实遍数少、生产效率高等特点。其生产效率相当于静作用压路机的 3~4 倍。

振动压路机按行驶方式可分为自行式、拖式和手扶式；按驱动轮数量可分为单轮驱动、双轮驱动和全轮驱动；按传动方式可分为机械传动、液力机械传动和全液压传动；按振动轮外部结构可分为光轮、凸块（羊脚）和橡胶滚轮；按振动轮内部结构可分为振动、振荡和垂直振动。

2.7 平 地 机

2.7.1 基本构造

平地机的外形结构如图 2-3 所示，主要由发动机、传动系统、制动系统、转向系统、液压系统、电气系统、操作系统、前后桥、机架、工作装置及驾驶室组成。

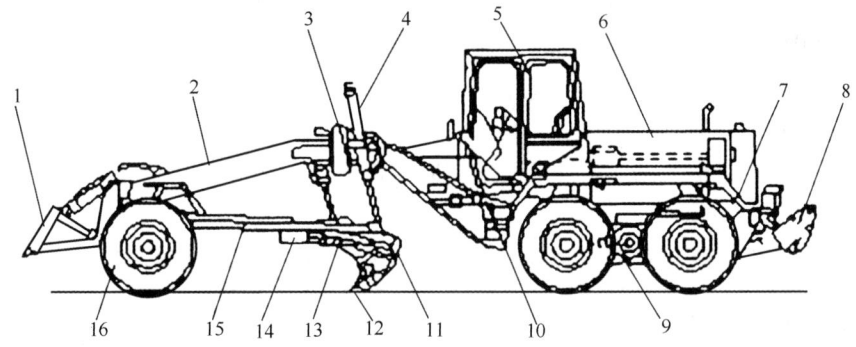

图 2-3 平地机的外形结构示意
1—前推土板；2—前机架；3—摆架；4—刮刀升降液压缸；5—驾驶室；6—发动机；
7—后机架；8—后松土器；9—后桥；10—铰接转向液压缸；11—松土耙；12—刮刀；
13—铲土角变液压缸；14—转盘齿圈；15—牵引架；16—转向轮

2.7.2 安全使用要点

(1) 平地机、刮刀和齿耙都必须在机械起步后才能逐渐切入土中。在铲土过程中，对刮刀的升降调整要一点一点地逐渐进行，避免每次拨动操作杆的时间过长，否则，会使地段形成波浪形的切削，影响到以后的施工。

(2) 行驶时，必须将铲刀和松土器提升到最高处，并将铲刀斜放，两端不超出后轮外侧。

(3) 禁止平地机拖拉其他机械，特殊情况只能以大拉小。

(4) 遇到土质坚硬能用松土器翻松时，应慢速逐渐下齿，以免折断齿顶，不准使用松土器翻松石渣及高级路面，以免损坏机件或发生其他意外事故。

(5) 工作前必须清除影响施工的障碍物和危险物品。工作后必须停放在平坦安全的地区，不准停放在坑洼流水处或斜坡上。

53

2.8 盾 构 机

2.8.1 盾构机

盾构机是开挖土砂围岩的主要机械，由切口环、支承环及盾尾三部分组成，以上三部分总称为盾构壳体。盾构的基本构造包括盾构壳体、推进系统、拼装系统三大部分。盾构的推进系统有液压设备和盾构千斤顶组成。

2.8.2 盾构机施工

1. 目前我国地下工程施工中主要有手掘式盾构、挤压式盾构、半机械式盾构、机械式盾构等四大类。
2. 盾构施工前，必须进行地表环境调查、障碍物调查以及工程地质勘察，确保盾构施工过程中的安全生产。
3. 在盾构施工组织设计中，必须要有安全专项方案和措施，这是盾构设计方案中的关键。
4. 必须建立供、变电、照明、通信联络、隧道运输、通风、人行通道，给水和排水的安全管理及安全措施。
5. 必须有盾构进洞、盾构推进开挖、盾构出洞这三个盾构施工过程中的安全保护措施。
6. 在盾构法施工前，必须编制好应急预案，配备必要的急救物品和设备。

2.8.3 盾构机施工应注意的事项

1. 拼装盾构机的操作人员必须按顺序进行拼装，并对使用的起重索具逐一检查，确认可靠方可吊装。
2. 机械在运转中，须小心谨慎，严禁超负荷作业。发现盾构机械运转有异常或振动等现象，应立即停机作业。
3. 电缆头的拆除与装配，必须切断电源方可进行作业。
4. 操作盘的门严禁开着使用，防止触电事故。动力盘的接地线必须可靠，并经常检查，防止松动发生事故。
5. 连续启动两台以上电动机时，必须在第一台电动机运转指示灯亮后，再启动下一台电动机。
6. 应定期对过滤器的指示器、油管、排放管等进行检查保养。
7. 开始作业时，应对盾构各部件、液压、油箱、千斤顶、电压等仔细检查，严格执行锁荷"均匀运转"。
8. 盾构出土皮带运输机，应设防护罩，并应专人负责。
9. 装配皮带运输机时，必须清扫干净，在制动开关周围，不得堆放障碍物，并有专人操作，检修时必须停机停电。
10. 利用蓄电瓶车牵行时，司机必须经培训持证驾驶；电瓶车与出土车的连接处，不准将手伸入；车辆牵引时，按照约定的哨声或警铃信号才能拖运。

11. 出土车应有指挥引车，严禁超载。在轨道终端，必须安装限位装置。

12. 门吊司机必须持证上岗，挂钩工对钢丝绳、吊钩经常检查，不得使用不合格的吊索具，严禁超负荷吊运。

13. 盾构机头部应每天要检测可燃气体的浓度，做到预测、预防和序控工作，并做好记录台账。

14. 盾构内部的油回丝及零星可燃物要及时清除。对乙炔、氧气要加强管理，严格执行动火审批制度及动火监护工作。在气压盾构施工时，严禁将易燃、易爆物品带入气压施工区。

15. 在隧道工程施工中，采用冻结法地层加固时，必须以适当的观测方法测定温度，掌握地层的冻结状态，必须对附近的建筑物或地下埋设物及盾构隧道夺身采取防护措施。

2.8.4 盾构施工进场和盾构进洞整个流程

盾构施工进场和盾构进洞整个流程如图2-4和表2-1所示。

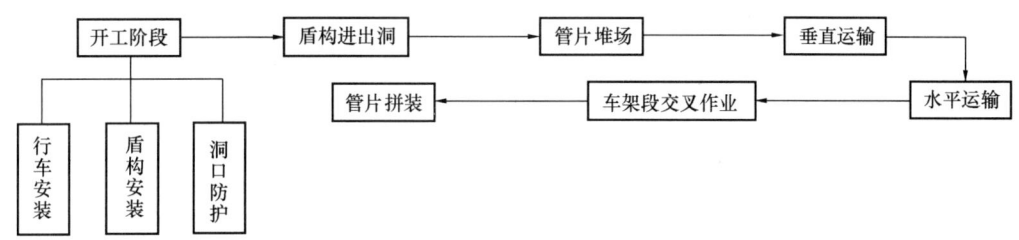

图2-4 盾构施工进场和盾构进洞整个流程图

盾构施工进场和盾构进洞流程　　　　　　表2-1

序号	步骤	施工顺序	说明
1	组装始发托架	始发托架吊装	1. 连接后配套台车间管线、电缆； 2. 将始发托架吊入； 3. 在始发井内铺设轨道

55

续表

序号	步骤	施工顺序	说明
2	前盾吊装	前盾吊装	将前盾吊入始发井内，放在始发托架的中前部
3	组装中盾	前盾中盾　中盾组装	1. 将中盾吊入始发井内始发托架上； 2. 将中盾向前推，并与前盾相连接
4	吊装刀盘	前盾中盾　刀盘吊装	1. 将刀盘吊入始发井，并与前盾主驱动相连接； 2. 将连接好的盾体向前移动，距离洞门约0.5m

续表

序号	步骤	施工顺序	说明
5	吊装安装机及其行走梁	安装机组装（盾体）	安装机及其行走梁吊入并安装在盾体上
6	盾尾吊装	盾尾吊装	1. 盾尾吊入始发井内始发架上； 2. 在盾尾铰接处安装铰接密封和压板，并在铰接处涂抹润滑油脂； 3. 盾尾前移，推入中盾内； 4. 安装铰接液压缸
7	螺旋输送机吊装	安装螺旋输送机	将螺旋输送机吊入始发井，并与盾体相连接

续表

序号	步骤	施工顺序	说明
8	后配套台车吊装	(100t汽车吊、1号台车示意图)	1. 吊入管片小车拼装； 2. 在车站东端用100t汽车吊连接桥架； 3. 依次吊入1号、2号、3号、4号、5号台车； 4. 连接各台车之间的连接管线及电缆； 5. 用电瓶车将连接好后的后配套台车推至盾构机处与拖拉液压缸相连接
9	吊装反力架	(吊装反力架上半部示意图)	1. 把反力架上半部分吊入始发井并组装反力架； 2. 同时复紧中前盾连接螺栓、螺旋机与前盾连接螺栓、安装机行走梁与中盾连接螺栓

2.8.5 盾构施工开工阶段

开工阶段是指为盾构正式推进施工所做准备工作的时期。包括：建设方交付施工场地后现场的隔离围护、现场生活区临时设施的搭建、施工现场的平面布局、行车设备的安装、盾构机的吊装安装就位、施工现场结构井的临边预留孔的防护、下进钢梯通道的安装等。

1. 行车安装作业

行车安装是指在施工现场地面安装起重机械的分项工程。主要内容包括：行车安装合同的签订、安全生产协议的签订、安装方案的制定及审批、现场安装施工、安装完毕后的自行检查、报送相关的技术质量监督部门的自查报告并取得安全使用证。

行车安装是一项施工周期短，作业风险高的分部工程项目，在安装过程中对不安全因素、不安全行为、不安全状态作分析，制定对策和措施及控制要点。

2. 盾构安装作业

（1）盾构安装作业是开工阶段的重要工序。它包括安装使用的大型起承设备的进场，工作井内盾构基座的安装，盾构部件的安装、拼装就位、盾构安装完毕后的调试工作等。

（2）盾构安装是集起重吊装、焊接作业、设备调试为一体的综合性分部工程，它具有施工周期短、立体交错施工的特性，具有较高的施工风险，监控管理不力，会发生各类安全事故。因此，对盾构安装的安全管理具有一定的难度。在安装过程中的安全对策和监控措施一定要落实到位。

3. 洞口防护作业

洞口防护的范围包括：行车轨道与结构井的临边缺口、升降施工区域的临边围护、结构井井口的防护、每一层结构井的临边围护、结构上中小型预留孔的围护。

结构施工单位向盾构施工单位移交施工场地后，大量的结构临边及预留孔，都必须制作防护设施。在开工阶段，如不能及时将这些安全设施完善，将会留下很大的高处坠落事故隐患。因此，必须采取有效的保护措施，确保施工人员的安全。

2.8.6 盾构进出洞作业

1. 盾构进出洞是作为整个工艺流程起始和结束两个环节。其中包括盾构基座的安装、盾构机的就位、安装完毕后的验收、凿洞门脚手架的搭设、洞门的凿除、袜套的安装预留钢筋的割除、大型混凝块的调运等。

2. 盾构进出洞都存在相当大的危险性。人机交错、立体施工的特性十分显著。整个施工作业环境处于一个整体的动态之中，存在着土体盾构进出洞的不利条件。因此，对策和监控措施必须落实到位。

2.8.7 管片堆放作业

1. 地面管片堆放是为隧道井下盾构推进所作的重要准备工序，其中包括管片卸车、管片吊装堆放、涂料制作等工序。

2. 地面管片堆场施工主要涉及运输车辆进出工地可能发生车辆伤人事故，同时，重点防范的是管片在吊运过程中，对施工人员的伤害。

3. 管片堆场要平稳，道路要畅通，堆放要规范，排水要畅通，有良好的照明措施，运输过程必须专人指挥，安全警示标志清晰有针对性。

2.8.8 行车垂直运输作业

1. 行车垂直运输主要包括运用行车将盾构推进所需的施工材料吊运至井下，将井下的出土箱等重物吊至地面。

2. 行车垂直运输是隧道盾构施工"二线一点"中的重要部分，行车设备及吊索具的损坏和不规范使用都会引起重大伤亡事故。同时，该部位是施工中运作最为频繁的区域，是人机交错高风险事故发生的重要部位。

3. 行车必须有安全使用证，加强日常维修保养和检测，运行前必须对所有安全保险装置做一次检查，司机和指挥必须持证上岗，强化操作人员的安全意识，规范操作，确保安全。

2.8.9 电机车水平运输作业

1. 电机车水平运输主要包括：电机车通过水平运输系统（电机车轨道）将垂直运输的施工材料（管片、轨道、轨枕、油脂等）运输到盾构工作面，将盾构工作的出土箱运送到井口。水平运输是盾构施工的重要工序之一。

2. 水平运输线是盾构施工风险部位控制的重中之重，和垂直运输速度一样，由于施工频率高，势必造成盾构施工人机交错概率的提高。同时，由于地铁施工速度日益加快，也使电机车运输速度受到干扰。电机车水平运输在历年事故发生的类别中占有比重最大，机车设备隐患及人员操作失误是导致事故主要原因。

3. 电机车轨道的轨距，轨枕木要经常测距检查，电机车做好维修保养，警示设备须完好，电机车操作人员持证上岗，使水平运输安全动态处在受控下施工。

2.8.10 车架段交叉施工作业

1. 车架段交叉施工包括土箱的装土、管片的吊运、轨道轨枕的铺设、车架后部的人行隔离通道的制作、车架后部通风管理的敷设、电缆线的排放、电机车在车架内装卸施工材料、测量人员上下测量平台、车架内接轨作业、压浆作业等。

2. 车架段由于其空间狭窄、作业繁多、作业人员多的特性，决定了这一部位有相当大的危险性，因此必须加强监控管理。

3. 日常必须对车架内电机车轨道的行程限位装置、电机车车身下部的防飞车的滑行装置、车架上部的围护栏杆等检查，对车架上的高压电缆必须落实有效的隔离措施，同时设置警示标志，对过轨道的电源线落实穿孔过路等保护措施。

2.8.11 管片拼装作业

1. 管片拼装是盾构施工的重要工序之一，它包括管片的运输吊装就位，举重臂的旋转拼装，管片连接件的安装，管片拼装环的拆除，千斤顶的靠拢，管片螺栓的紧固等。

2. 管片拼装是安全风险部位两线一点中的"一点"。由于施工进度不断加快，安全措施不到位，管片拼装机的操作人员和拼装工高频率的配合，仅靠施工人员的反映来降低危险程度，管理比较被动。须消除拼装机械的不安全状态和拼装作业人员的不安全行为等，使施工作业在受控状态下进行。

3. 举重臂的制动装置，拼装机的警示设备，运输管片的单轨捯链及双轨梁限位装置及制动装置，拼装平台的防护，栏杆等必须日常例保检查、维修、保养，确保安全生产。

2.9 蛙式打夯机

蛙式打夯机是一种小型夯实机械，因其结构简单、工作可靠、操作方便、经久耐用等特点，在公路、建筑、水利等施工中广泛使用。蛙式打夯机虽有不同形式，但构造基本相同，主要由夯架与夯头装置、前轴装置、传动轴装置、托盘、操纵手柄及电气设备等构成。

蛙式打夯机安全使用要点：

(1) 适用于夯实灰土、素土地基以及场地平整工作,不能用于夯实坚硬或软硬不均相差较大的地面,更不得开打混有碎石、碎砖的杂土。

(2) 作业前,应对工作面进行清理排除障碍,搬运蛙夯到沟槽中作业时,应使用起重设备,上下槽时选用跳板。

(3) 无论在工作之前和工作中,凡需搬运蛙夯必须切断电源,不准带电搬运,以防造成蛙夯误动作。

(4) 蛙夯属于手持移动式电动工具,必须按照电气规定,在电源首端装设漏电动作电流不大于 30mA、动作时间不大于 0.1s 的漏电保护器,并对蛙夯外壳做好保护接地。

(5) 操作人员必须穿戴好绝缘用品。

(6) 蛙夯操作必须有两个人,一人扶夯,一人提电线,提线人也必须穿戴好绝缘用品,两人要密切配合,防止拉线过紧和夯打在线路上造成事故。

(7) 蛙夯的电器开关与入线处的连接,要随时进行检查,避免接线处因振动、磨损等原因导致松动或绝缘失效。

(8) 在夯室内土时,夯头要躲开墙基础,防止因夯头处软硬相差过大,砸断电线。

(9) 两台以上蛙夯同时作业时,左右间距不小于 5m,前后不小于 10m。相互间的胶皮电缆不要缠绕交叉,并远离开头。

2.10 水 泵

水泵的种类很多,主要有离心水泵、潜水泵、深井泵、泥浆泵等。建筑施工中主要使用的是离心式水泵。离心式水泵中又以单级单吸式离心水泵为最多。

2.10.1 组成

"单级"是指叶轮为一个,"单吸"指进水口为一面。泵主要由泵座、泵壳、叶轮、轴承盒、进水口、出水口、泵轴、叶轮组成。

2.10.2 离心水泵的安全操作要点

1. 水泵的安装应牢固、平稳,有防雨、防冻措施。多台水泵并列安装时,间距不小于 80cm,管径较大的进出水管,须用支架支撑,转动部分要有防护装置。

2. 电动机轴应与水泵轴同心,螺栓要紧固,管路密封,接口严密,吸水管阀无堵塞,无漏水。

3. 启动时,先将出水阀关闭,起动后逐渐打开。

4. 运行中,若出漏水、漏气、填料部位发热、机温升高、电流突然增大等不正常现象,应停机检修。

5. 水泵运行中,不得从机上跨越。

6. 升降吸水管时,要站到有防护栏杆的平台上操作。

7. 应先关闭出水阀,后停机。

2.10.3 潜水泵安全操作要点

1. 潜水泵宜先装在坚固的篮筐里再放入水中，亦可在水中将泵的四周设立坚固的防护围网。泵应直立于水中，水深不得小于0.5m，不得在含泥砂的水中使用。
2. 潜水泵放入水中或提出水面时，应切断电源，严禁拉拽电缆或出水管。
3. 潜水泵应装设保护接零或漏电保护装置，工作时泵周围30m以内水面，不得有人、畜进入。
4. 启动前应认真检查，水管结扎要牢固，放气、放水、注油等螺、塞均旋紧，叶轮和进水节无杂物，电缆绝缘良好。
5. 接通电源后，应先试运转，并应检查并确认旋转方向正确，在水外运转时间不得越过5min。
6. 应经常观察水位变化，叶轮中心至水面距离应在0.5～3.0m之间，泵体不得陷入污泥或露出水面。电缆不得与井壁、池壁相接触。
7. 新泵或更换密封圈，在使用50h后，应旋开放水封口塞，检查水、油的泄漏量。当泄漏量超过5mL时，应进行0.2MPa的气压试验，查出原因，予以排除，以后应每月检查一次；当泄漏盘不超过25mL时，可继续使用。检查后应换上规定的润滑油。
8. 经过修理的油浸式潜水泵，应先经0.2MPa气压试验，检查各部无泄漏现象，然后将润滑油加入上、下壳体内。
9. 当气温降到0℃以下时，在停止运转后，应从水中提出潜水泵擦干后存放室内。
10. 每周应测定一次电动机定子绕组的绝缘电阻，其值应无下降。

2.10.4 深井泵安全使用要点

1. 深井泵应使用在含砂最低于0.01%的清水源，泵房内设预润水箱，容量应满足一次启动所需的预润水量。
2. 新装或经过大修的深井泵，应调整泵壳与叶轮的间隙，叶轮在运转中不得与壳体摩擦。
3. 探井泵在运转前应将清水通入轴与轴承的壳体内进行预润。
4. 启动前必须认真检查，要求：底座基础螺栓已紧固；轴向间隙符合要求，调节螺栓的保险螺母已装好；填料压盖已旋紧并经过润滑；电动机轴承已润滑；用手旋转电动机转子和止退机构均灵活有效。
5. 深井泵不得在无水情况下空转。水泵的一、二级叶轮应浸入水位1m以下。运转中应经常观察井中水位的变化情况。
6. 运转中，当发现基础周围有较大振动时，应检查水泵的轴承或电动机填料处磨损情况；当磨损过多而漏水时，应更换新件。
7. 已吸、排过含有泥砂的深井泵，在停泵前，应用清水冲洗干净。
8. 停泵前，应先关闭出水阀，切断电源，锁好开关箱。冬季停用时，应放净泵内积水。

2.10.5　泥浆泵安全使用要点

1. 泥浆泵应安装在稳固的基础架上或地基上，不得松动。

2. 启动前，检查项目应符合下列要求：各连接部位牢固；电动机旋转方向正确；离合器灵活可靠；管路连接牢固，密封可靠，底阀灵活有效。

3. 启动前，吸水管、底阀及泵体内应注满引水，压力表缓冲器上端应注满油。

4. 启动前应使活塞往复两次，无阻梗时方可空载起动。启动后，应待运转正常，再逐步增加载荷。

5. 运转中，应经常测试泥浆含砂量。泥浆含砂量不得超过10%。

6. 有多挡速度的泥浆泵，在每班运转中应将几挡速度分别运转，运转时间均不得少于30min。

7. 运转中不得变速；当需要变速进，应停泵进行换挡。

8. 运转中，当出现异响或水量、压力不正常，或有明显高温时，应停泵检查。

9. 在正常情况下，应在空载时停泵。停泵时间较长时，应全部打开放水孔，并松开缸盖，提起底阀水杆，放尽泵体及管道中的全部泥砂。

10. 长期停用时，应清洗各部泥砂、油垢，将曲轴箱内润滑油放尽，并应采取防锈、防腐措施。

3 垂直和水平运输机械

本章要点：塔式起重机型号、施工升降机、物料提升机的分类、结构和组成原理、安全装置、安装、使用和拆卸等要点以及机动翻斗车的结构和安全使用要点。

3.1 塔式起重机

塔式起重机主要用于房屋建筑施工中物料的垂直和水平输送及建筑构件的安装，简称塔机，塔式起重机在高层建筑施工中是不可缺少的施工机械。

塔式起重机的起升高度一般为40~60m，有的塔式起重机起升高度随着建筑物高度可升高至400m以上，一般的回转半径在30~60m左右，目前最大回转半径可达100m。塔式起重机在施工现场的应用大大减轻了建筑工人的劳动强度，提高了生产效率。

3.1.1 型号含义

根据国家建筑机械与设备产品型号编制方法的规定，塔式起重机的型号标识有明确的规则。如QTZ80C表示如下含义：

Q——起重，汉语拼音的第一个字母；
T——塔式，汉语拼音的第一个字母；
Z——自升，汉语拼音的第一个字母；
80——最大起重力矩（t·m）；
C——更新、变型代号。

其中，更新、变型代号用英文字母表示；主要参数代号用阿拉伯数字表示，它等于塔式起重机额定起重力矩（单位：kN·m）$\times 10^{-1}$；组；型、特性代号含义如下：

QT——回转塔式起重机；
QTZ——上回转自升塔式起重机；
QTA——下回转塔式起重机；
QTK——快装塔式起重机；
QTQ——汽车塔式起重机；
QTL——轮胎塔式起重机；
QTU——履带塔式起重机；
QTH——组合塔式起重机；
QTP——内爬升式塔式起重机；
QTG——固定式塔式起重机。

目前，许多塔式起重机厂家采用国外的标记方式进行编号，即用塔式起重机最大臂长（m）与臂端（最大幅度）处所能吊起的额定重量（kN）两个主参数来标记塔式起重机的型号。如TC5013A，其含义：

T——塔的英语单词第一个字母（Tower）；
C——起重机的英语单词第一个字母（Crane）；
50——最大臂长50m；
13——臂端起重量13kN；
A——设计序号。

另外，也有个别塔式起重机生产厂家根据企业标准编制型号。

3.1.2 分类及特点

1. 塔式起重机的分类

塔式起重机的分类方式有多种，从其主体结构与外形特征考虑，基本上可按架设方式、变幅形式、旋转部位和行走方式区分。

（1）按架设方式

塔式起重机分为快装式塔式起重机和非快装式塔式起重机。

（2）按变幅方式

塔式起重机按变幅方式分为动臂变幅式塔式起重机和小车变幅式塔式起重机。

动臂变幅式塔式起重机是靠起重臂仰俯来实现变幅的，如图 3-1（a）所示。其优点是：能充分发挥起重臂的有效高度，缺点是最小幅度被限制在最大幅度的 30% 左右，不能完全靠近塔身。小车变幅式塔式起重机是靠水平起重臂轨道上安装的小车行走实现变幅的，如图 3-1（b）所示。其优点是：变幅范围大，载重小车可驶近塔身，能带负荷变幅。

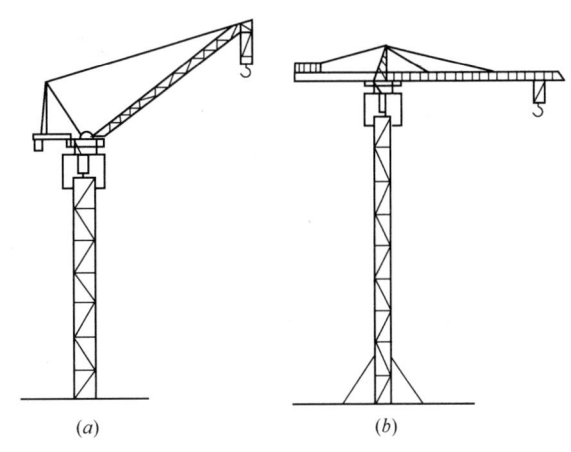

图 3-1 塔式起重机按变幅方式分类
（a）动臂变幅式；（b）小车变幅式

（3）按臂架结构形式

小车变幅式塔式起重机按臂架结构形式分为定长臂小车变幅塔式起重机和伸缩臂小车变幅塔式起重机。按臂架支承形式小车变幅式塔式起重机又可分为非平头式塔式起重机和平头式塔式起重机。图 3-2（a）、（c）、（d）、（e）所示为非平头式塔式起重机；图 3-2（b）所示为平头式塔式起重机。

平头式塔式起重机最大特点是无塔帽和臂架拉杆。由于臂架采用无拉杆式，此种设计形式很大程度上方便了空中变臂、拆臂等操作，避免了空中安拆拉杆的复杂性及危险性。

动臂变幅塔式起重机按臂架结构形式分为定长臂动臂变幅塔式起重机与铰接臂动臂变幅塔式起重机。

（4）按回转方式

塔式起重机按回转方式分为上回转式和下回转式两类，如图 3-3 所示。

上回转式塔式起重机将回转支承、平衡重、主要机构均设置在上端，其优点是：能够附着，达到较高的工作高度，由于塔身不回转，可简化塔身下部结构、顶升加节方便。

下回转式塔式起重机将回转支承、平衡重主要机构等均设置在下端，其优点是：塔身所受弯矩较小，重心低，稳定性好，安装维修方便；缺点是对回转支承要求较高，使用高度受到限制。

（5）按行走方式

塔式起重机按行走方式分为固定式、轨道行走式和内爬式三种。

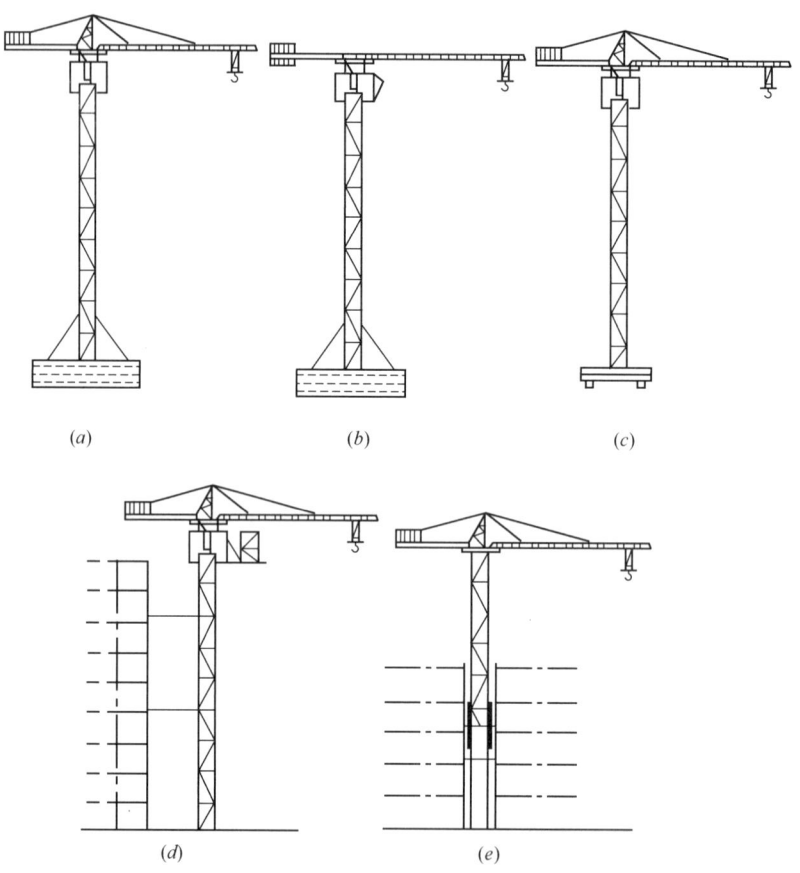

图 3-2 塔式起重机形式

(a)、(b)、(d) 固定式;(c) 轨道行走式;(e) 内爬式

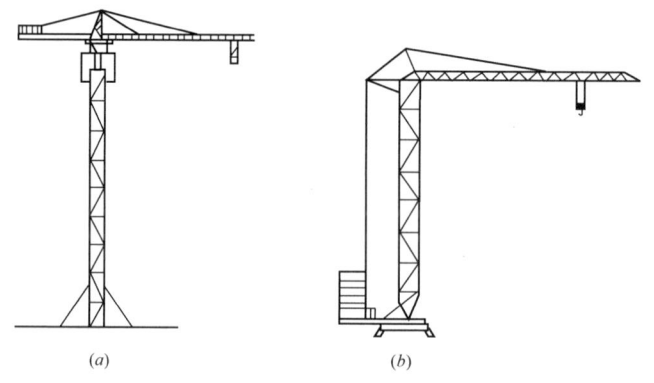

图 3-3 塔式起重机按回转方式分类

(a) 上回转式;(b) 下回转式

2. 塔式起重机的性能参数

塔式起重机的主要技术性能参数包括：起重力矩、起重量、幅度、自由高度（独立高度）、最大高度等；其他参数包括：工作速度、结构重量、尺寸、（平衡臂）尾部尺寸及轨距轴距等。

3. 塔式起重机的特点

（1）工作高度高，有效起升高度大，特别有利于分层、分段安装作业，能满足建筑物垂直运输的全高度。

（2）塔式起重机的起重臂较长，其水平覆盖面广。

（3）塔式起重机具有多种工作速度、多种作业性能，生产效率高。

（4）塔式起重机的驾驶室一般设在与起重臂同等高度的位置，司机的视野开阔。

（5）塔式起重机的构造较为简单，维修、保养方便。

3.1.3 结构组成及原理

塔式起重机由金属结构、工作机构、电气系统和安全装置等组成。

1. 金属结构，由起重臂、平衡臂、塔帽、回转总成、顶升套架、塔身、底架（行走式）和附着装置等组成。图 3-4 为小车变幅式塔式起重机的结构示意图。

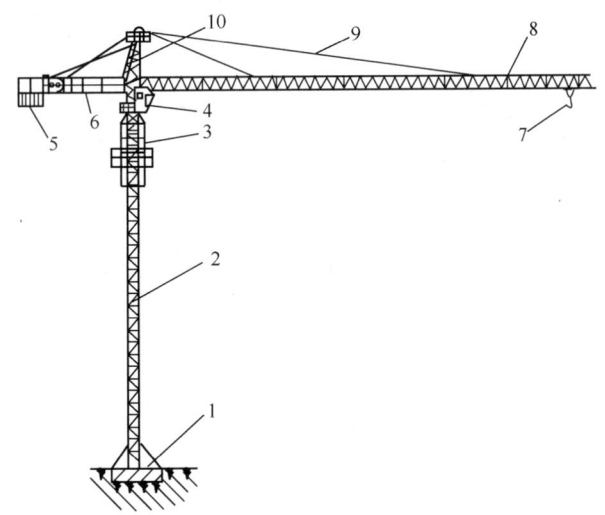

图 3-4 小车变幅式塔式起重机结构示意
1—基础；2—塔身；3—顶升套架；4—驾驶室；5—平衡压重；
6—平衡臂；7—吊钩；8—起重臂；9—拉杆；10—塔帽

2. 工作机构包括起升机构、行走机构、变幅机构、回转机构、液压顶升机构等。

（1）起升机构

1）起升机构的组成

起升机构通常由起升卷扬机、钢丝绳、滑轮组及吊钩等组成。

电机通电后通过联轴器带动变速箱进而带动卷筒转动，电机正转时，卷筒放出钢丝绳；电机反转时，卷筒收回钢丝绳，通过滑轮组及吊钩把重物提升或下降，如图 3-5 所示。

2) 起升机构滑轮组倍率

起升机构中常采用滑轮组,通过倍率的转换来改变起升速度和起重量。塔式起重机滑轮组倍率大多采用 2、4 或 6。当使用大倍率时,可获得较大的起重量,但降低了起升速度;当使用小倍率时,可获得较快的起升速度,但降低了起重量。

3) 起升机构的调速

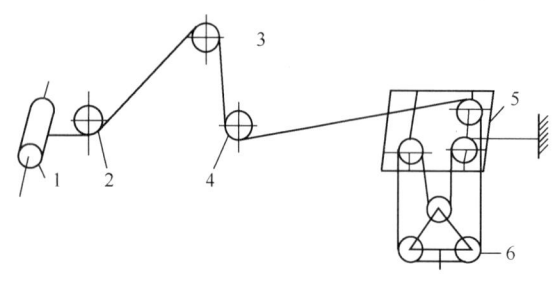

图 3-5 起升机构钢丝绳穿绕示意
1—起升卷扬机;2—排绳滑轮;3—塔帽导向轮;
4—回转塔身导向滑轮;5—变幅小车滑轮组;6—吊钩滑轮组

起升机构有多种速度,在轻载、空载以及起升高度较大时,均要求有较高的工作速度,以提高工作效率;在重载、运送大件物品以及被吊重物就位时,为了安全可靠和准确就位要求较低工作速度。起升机构的调速分为有级调速(又可分为机械换挡和电气换挡)和无级调速两类。

各种不同的速度挡位对应于不同的起重量,以符合重载低速、轻载高速的要求。为了防止起升机构发生超载事故,有级变速的起升机构对载荷升降过程中的换挡应有明确的规定,并应设有相应的载荷限制安全装置。如起重量限制器上应按照不同挡位的起重量分别设置行程开关。

(2) 变幅机构

塔式起重机的变幅机构也是一种卷扬机构,由电动机、变速箱、卷筒、制动器和机架组成。塔式起重机的变幅方式基本上有两类:一类是起重臂为水平形式,载重、车沿起重臂上的轨道移动而改变幅度,称为小车变幅式;另一类是利用起重臂俯仰运动而改变臂端吊钩的幅度,称为动臂变幅式。

小车变幅机构,如图 3-6 所示。小车变幅钢丝绳穿绕,如图 3-7 所示。

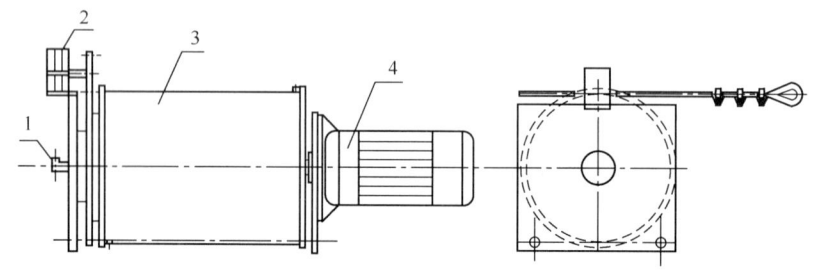

图 3-6 变幅机构示意
1—注油孔;2—限位器;3—卷筒;4—电动机

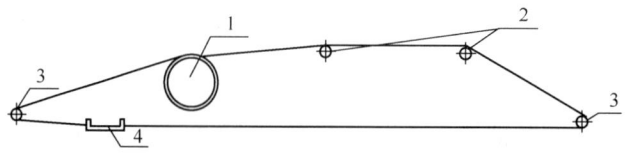

图 3-7 小车变幅钢丝绳穿绕示意
1—滚筒;2—导向轮;3—臂端导向轮;4—变幅小车

(3) 回转机构

塔式起重机回转机构由电动机、液力耦合器、制动器、变速箱和回转小齿轮等组成。回转机构的传动方式一般是电动机通过液力耦合器、变速箱带动小齿轮围绕大齿圈转动，驱动塔式起重机作回转运动，如图3-8所示。

塔式起重机回转机构具有调速和制动功能，调速系统主要有涡流制动绕线电机调速、多挡速度绕线电机调速、变频调速和电磁联轴节调速等，后两种可以实现无级调速。塔式起重机的起重臂较长，迎风面较大，风载产生的扭矩大。因此，塔式起重机的回转机构一般均采用常开式制动器，即在非工作状态下，制动器松闸。使起重臂可以随风向自由转动，臂端始终指向顺风的方向。

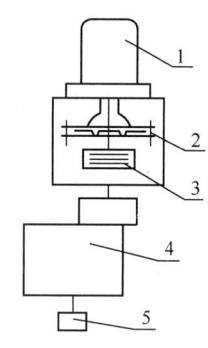

图3-8　回转机构示意
1—电动机；2—液力耦合器；
3—制动器；4—变速箱；
5—回转小齿轮

(4) 行走机构

行走机构的作用是驱动塔式起重机沿轨道行驶，只有移动式塔式起重机有此机构。行走机构由电动机、减速箱、制动器、行走轮和台车等组成。

(5) 液压顶升机构

液压顶升系统一般由泵站、液压缸、操纵阀、液压锁、油箱、滤油器、高低压管道等元件组成，如图3-9所示。

如图3-10所示，为QTZ63塔式起重机液压顶升系统。该系统属侧向顶升系统，液压顶升系统的工作情况如下：

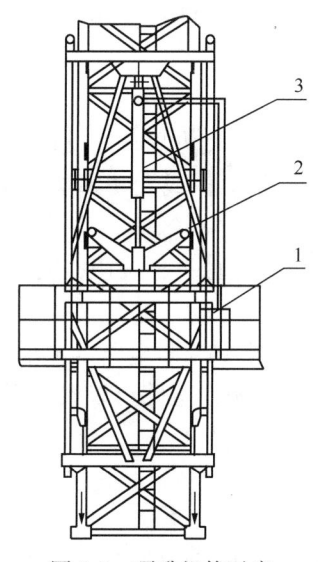

图3-9　顶升机构示意
1—泵站；2—顶升横梁；3—液压缸

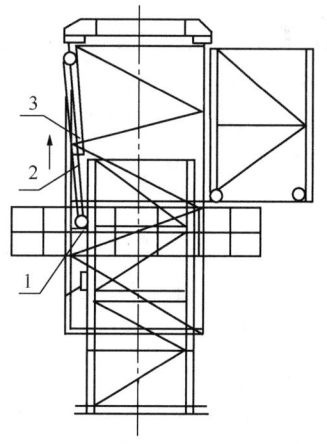

图3-10　加节示意
1—泵站；2—顶升横梁；3—液压缸

1) 顶升准备：使起重臂转到顶升套架的引进门方同，将装有引进轮的标准节吊放在引进平台的横梁上；再吊起一个标准节，将变幅小车开到距臂架绞点约13m处，使被顶升的部分的重心大体与顶升液压缸中心重合，保证顶升部分重量平衡，同时启动制动器，使回转机构处于制动状态，防止臂架转动。

2）顶升就位：启动泵站，操纵泵站手柄，使顶升液压缸下端的顶升横梁两侧销轴落进塔身主弦杆的顶升踏步内，然后关掉泵站；拆掉下支撑座与塔身的连接螺栓，检查顶升有无障碍及其他机械故障，准备顶升；启动泵站，操纵手柄，使液压缸顶起塔式起重机上部机构；当顶升套架上的爬爪高出上一个顶升踏步的上端面时，停止顶升，并操纵手柄使液压缸回收，爬爪慢慢落在顶升踏步上端面。继续回收液压缸，横梁被提起，当横梁两侧销轴达到顶升踏步时；再次顶升，活塞杆全伸后，即可将引进平台上的标准节至塔身正上方；将引进的标准节对准塔身顶端，操纵手柄使液压缸回收，标准节随同上部结构落在塔身顶端。

3）标准节固定：拆下标准节的引进滚轮，用M30高强度螺栓将塔身与引进的标准节连接好，至此完成一个标准节的顶升加节作业。继续加高标准节，步骤同上，直到达到所需的高度为止。在顶升过程中，司机要听从指挥，严禁随意操作，防止臂架回转。

3. 电气系统

塔式起重机的电气系统是由电源、电气设备、导线和低压电器组成的。电源经过电缆由配电箱向上接至操作室开关盒内的空气开关再到电气控制柜，由设在操作室内的万能转换开关或联动台发生主令信号，对塔式起重机各机构进行操作控制。

（1）塔式起重机的电源

塔式起重机的电源一般采用380V、50Hz，三相五线制供电，工作零线和保护零线分开。工作零线用在塔式起重机的照明等220V的电气回路中，专用保护零线，常称PE线，首端与电源端的工作零线相连，中间与工作零线无任何相连，末端进行重复接地，由于专用保护零线平时无任何电流流过，设备外壳接在保护零线上，不会产生任何电压，因此能起到比较可靠的保护作用。

（2）塔式起重机的电路

1）主电路：主电路是指从供电电源通向电动机或其他大功率电气设备的电路，主电路上流过的电流从几安到几百安不等。此电路还包括连接电机或大功率电气设备的开关、接触器、控制器等电器元件。

2）控制电路：控制电路中有接触器和继电器的线圈、触头、按钮、电铃、限位器以及其他小功率电器元件等。

3）辅助电路：辅助电路包括照明电路、信号电路、电热采暖电路以及制动器电路等。照明电路包括塔式起重机上下各种照明灯具和控制开关。辅助电路可以根据不同情况与主电路或控制电路相连。

（3）电气设备

塔式起重机的电气设备包括电机、控制电器（接触器、继电器、制动器）、保护电器（空气开关、限位开关、漏电保护器）、电阻器、配电柜、连接线路等。

4. 塔式起重机的安全装置

安全装置是塔式起重机的重要装置，其作用是使塔式起重机在允许载荷和工作空间中安全运行，保证设备和人身的安全。

（1）起升高度限位器

它是用以防止吊钩行程超越极限，以免碰坏起重机臂架结构和出现钢丝绳乱绳现象的装置。

(2) 幅度限位器

1) 小车变幅幅度限位器：用于使小车在到达臂架端部或臂架根部之前停车，防止小车发生越位事故的装置。

2) 动臂变幅幅度限位器：用于阻止臂架向极限位置变幅，防止臂架倾翻的装置。对动臂变幅的塔式起重机，设置幅度限位开关，在臂架到达相应的极限位置前开关动作，用于停止臂架往极限方向变幅；对小车变幅的塔式起重机，设置小车行程限位开关和终端缓冲装置，用以停止小车往极限位置变幅。

(3) 回转限位器

用以限制塔式起重机的回转角度，以免扭断或损坏电缆。

(4) 运行（行走）限位器

用于行走式塔式起重机，限制大车行走范围，防止出轨。

(5) 起重力矩限制器

用以防止塔式起重机因超载而导致的整机倾翻事故。

(6) 起重量限制器

用以防止塔式起重机超载起升的一种安全装置。

(7) 小车断绳保护装置

用以防止变幅小车牵引绳断裂导致小车失控。

(8) 小车防坠落装置

用以防止因变幅小车车轮失效而导致小车脱离臂架坠落。

(9) 钢丝绳防脱装置

用来防止滑轮、起升卷筒及动臂变幅卷筒等钢丝绳脱离滑轮或卷筒。

(10) 顶升防脱装置

用以防止自升式塔式起重机在正常加节、降节作业时，顶升装置从塔身支承中或液压缸端头的连接结构中自行脱出。

(11) 抗风防滑装置（轨道止挡装置）

用以防止行走式塔式起重机在遭遇大风时自行滑行，造成倾翻。

(12) 报警装置

用以在塔式起重机载荷达到规定值时，向塔式起重机司机自动发出声光报警信息。

(13) 显示记录装置

以图形或字符方式向司机显示塔式起重机当前主要工作参数和额定能力参数。显示的工作参数一般包含当前工作幅度、起重量和起重力矩，额定能力参数一般包含幅度及对应的额定起重量和额定起重力矩。

(14) 风速仪

用以发出风速警报，提醒塔式起重机司机及时采取防范措施。

(15) 工作空间限制器

对单台塔式起重机，用于限制塔式起重机进入某些特定的区域或进入该区域后不允许吊载；对群塔，用于限制塔式起重机的回转、变幅和运行区域以防止塔式起重机间机构、起升绳或吊重发生相互碰撞。

3.1.4 安全装置构造及原理

1. 起重量限制器

（1）作用

起重量限制器是塔式起重机上重要的安全装置之一，必须安装。当起升载荷超过额定载荷时，该装置能输出信号，切断起升控制回路，并能发出警报，达到防止起重机超载的目的。通常情况下，当起重量大于相应挡位的最大额定值并小于额定值的110%时，该装置能自动切断起升机构上升方向的电源，但仍可做下降方向的运动。

（2）构造和工作原理

起重量限制器主要有机械式和电子式，其中常用的机械式限制器有推杆式和测力环式。

1）推杆式起重量限制器

图 3-11 所示为一推杆式起重量限制器构造示意图。这种限制器一般装在塔帽下部，由导向滑轮、弹簧推杆、力臂及限位开关等部件组成。由于塔式起重机吊重的作用，图中起升钢丝绳 2 受到拉力，来推动力臂 5，力臂又作用于弹簧推杆 4。当负载达到一定限值时，推杆便压迫限位开关 3 动作，通过限位开关来切断起升回路电源。

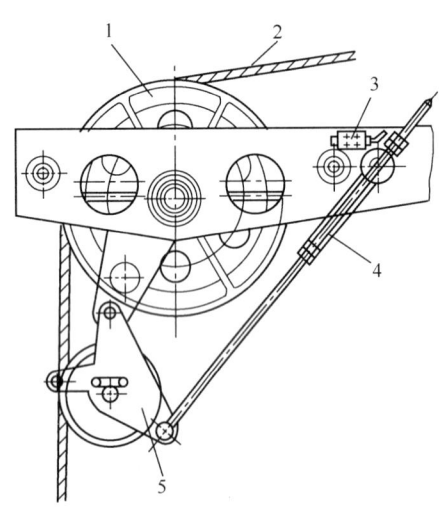

图 3-11 推杆式起重量限制器构造示意
1—导向轮；2—起升钢丝绳；
3—限位开关；4—弹簧推杆；5—力臂

2）测力环式起重量限制器

图 3-12 所示为一测力环式起重量限制器的外形及工作原理图。它是由测力环、导向滑轮及限位开关等部件组成。其特点是体积紧凑，性能良好，便于调整。

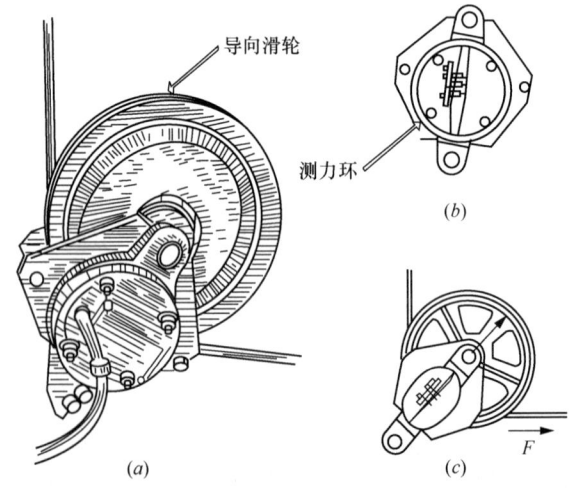

图 3-12 测力环式起重量限制器外形及工作原理图
（a）外形；（b）空载或载荷小时；（c）载荷大或超载时

测力环的一端固定于塔式起重机机构的支座上,另一端则固定在导向滑轮轴上。当塔式起重机吊载重物时,滑轮受到钢丝绳合力作用,并将此力传给测力环,测力环外壳产生弹性变形;测力环内的金属板条与测力环壳体固接,随壳体受力变形而延伸;当载荷超过额定起重量时,测力环内的金属板条压迫限位开关,使限位开关运作,从而切断起升回路电源,达到对起重量超载进行限制的目的。使用时,可根据载荷情况来调节固定在金属板条上的调整螺栓,调整设定动作载荷限值。

2. 起重力矩限制器

(1) 作用

起重力矩限制器也是塔式起重机重要的安全装置之一,塔式起重机的结构计算和稳定性验算均以最大额定起重力矩为依据。起重力矩限制器的作用是控制塔式起重机使用时不得超过最大额定起重力矩。

起重力矩限制器仅对在塔式起重机垂直平面内起重力矩超载时起限制作用,而对由吊钩侧向斜拉重物、水平面内风荷载、轨道的倾斜和塌陷引起的水平面内的倾翻力矩不起作用。

(2) 构造和工作原理

起重力矩限制器分为机械式和电子式,机械式中又有弓板式和杠杆式等多种形式。其中弓板式起重力矩限制器目前应用比较广泛。

弓板式起重力矩限制器由调节螺栓、弓形钢板、限位开关等部件组成。图 3-13 为一弓板式力矩限制器的构造及工作原理图。

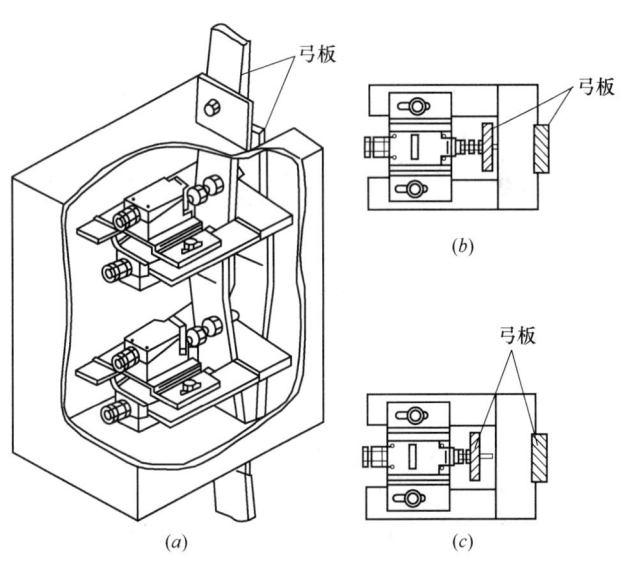

图 3-13　弓板式力矩限制器的构造及工作原理图
(a) 限制器构造;(b) 无载或载荷小时;(c) 载荷大或超载时

弓板式力矩限制器有的安装在塔帽的主弦杆上,也有的安装在平衡臂上,其工作原理是相同的。当塔式起重机吊载重物时,由于载荷的作用,塔帽或平衡臂的主弦杆产生变形,这时力矩限制器上的弓形钢板也随之变形,并将弦杆的变形放大,使弓板上的调节螺栓与限位开关的距离随载荷的增加而逐渐缩小。当载荷达到额定载荷时,通过调节螺栓来压迫限位开关,从而切断起升机构和变幅机构的电源,达到限制塔式起重机的吊重力矩载荷的目的。

3. 起升高度限位器

(1) 作用

起升高度限位器主要用以防止升降时可能出现的操纵失误,导致起升时碰坏起重机臂架结构,降落时卷筒上的钢丝绳松脱甚至反方向缠绕。

(2) 构造和工作原理

起升高度限位器主要有重锤式、杠杆式和传动式等形式。

1) 重锤式起升高度限位器

重锤式起升高度限位器一般用于动臂式变幅的塔式起重机,多固定于吊臂端头。

图 3-14 所示为一重锤式起升高度限位器。图中重锤 4 通过钩环 3 和限位器的钢丝绳 2 与终点开关 1 的杠杆相连接。在重锤处于正常位置时,终点开关触头闭合。如吊钩上升,托住重锤并继续略微上升,钢丝绳 2 处于松弛状态,导致终点开关 1 断开,从而切断起升机构上升控制回路电源,使吊钩停止上升运动。

2) 杠杆式起升高度限位器

杠杆式起升高度限位器一般也用于动臂式变幅的塔式起重机,多固定于吊臂端头。

图 3-15 所示为一杠杆式起升高度限位器。当吊钩上升到极限位置时,固定于吊钩滑轮上的托板 1 便触到撞杆 2,使撞杆转动一个角度,撞杆的另一端压下行程开关的推杆,使行程开关 3 断开,从而切断起升机构上升控制回路电源,使吊钩停止上升运动。

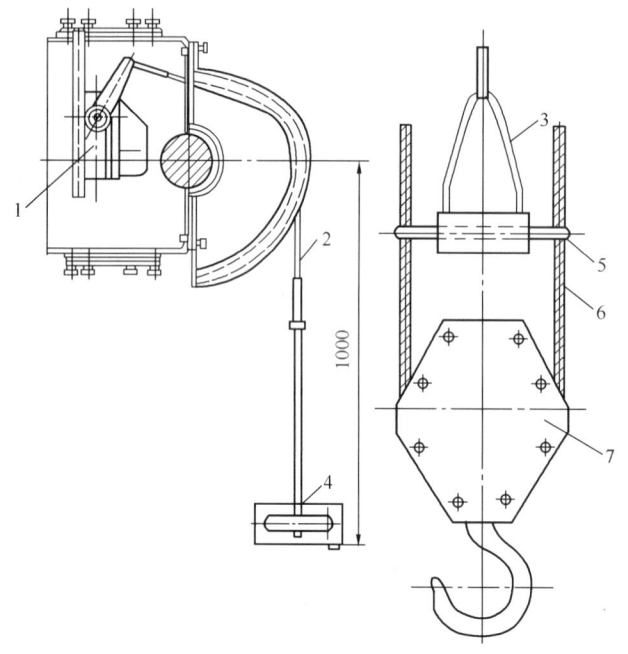 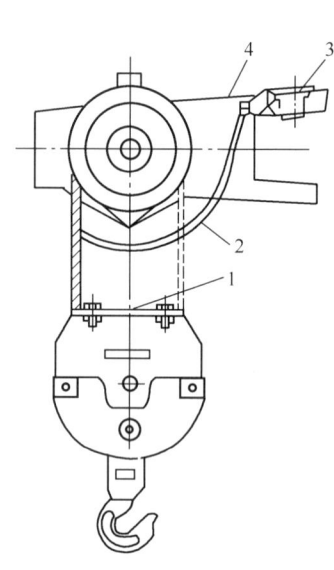

图 3-14 重锤式起升高度限位器构造简图
1—终点开关;2—限位器钢丝绳;3—钩环;4—重锤;
5—导向夹圈;6—起重钢丝绳;7—吊钩滑轮

图 3-15 杠杆式起升高度限位器构造简图
1—托板;2—撞杆;
3—行程开关;4—臂头

3) 传动式起升高度限位器

传动式起升高度限位器多用于小车变幅式塔式起重机,一般安装在起升机构的卷筒轴端,由卷筒轴直接带动,也可由固定于卷筒上的齿圈来驱动。

图 3-16 所示为一传动式起升高度限位器。当卷筒 2 旋转时驱动限位器 1 的减速装置,减速装置带动若干个凸块 3 转动,凸块 3 作用于触头 4,从而切断起升机构上升控制回路电源,使吊钩停止上升运动。

4. 回转限位器

不设中央集电环的塔式起重机应设置正反两个方向的回转限位开关,使正反两个方向

3 垂直和水平运输机械

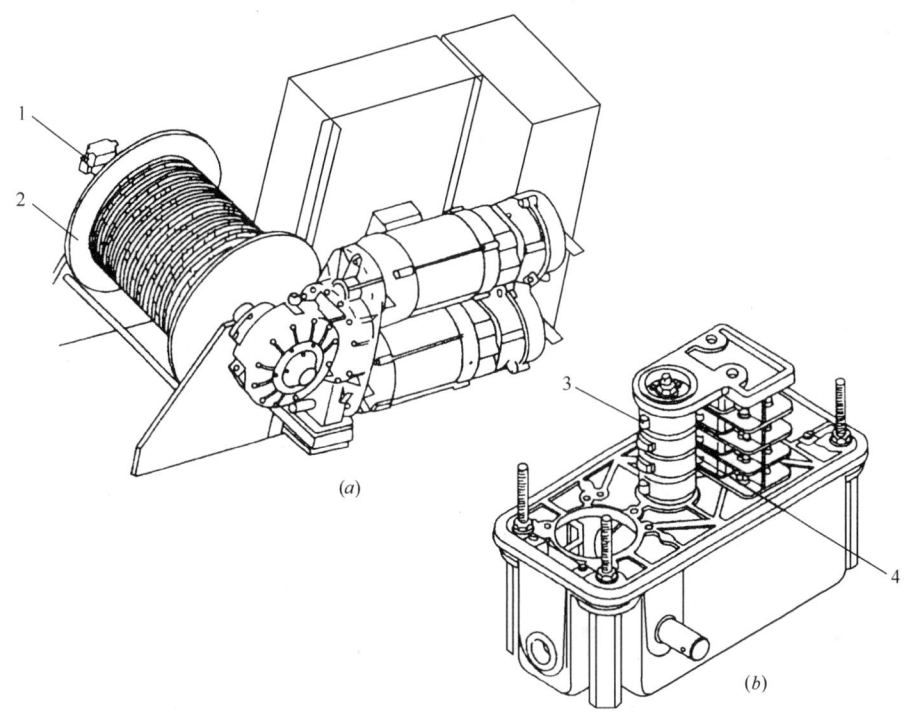

图 3-16 传动式起升高度限位器构造及工作原理图
（a）起升机构；（b）限位器
1—限位器；2—卷筒；3—凸块；4—触头

回转范围控制在 ±540° 内，用于防止电缆线缠绕损坏，也用于避免与障碍物发生撞、吊装定位等。最常用的回转限位器是由带有减速装置的限位开关和小齿轮组成，限位器固定在塔式起重机回转支座结构上，小齿轮与回转支承的大齿圈啮合。

图 3-17 所示为一回转限位器的安装位置图。当回转机构驱动塔式起重机上部转动时，通过大齿圈来带动回转限位器的小齿轮 3 转动，塔式起重机的回转圈数即被记录下来，限位器的减速装置带动凸轮，凸轮上的凸块压下触头，从而断开相应的回转控制电源，停止回转运动。

5. 幅度限位器

(1) 幅度限位器的作用是使变幅小车在即将行驶到最小幅度或最大幅度时，断开变幅机构的单向工作电源，以保证小车的安全运行。同传动式起升高度限位器一样，一般安装在

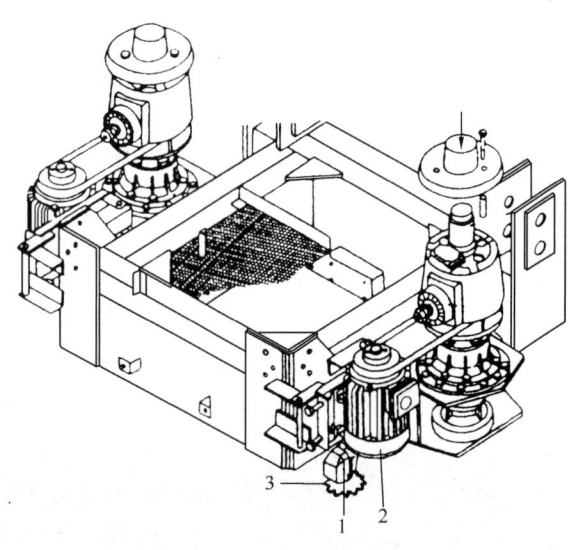

图 3-17 回转限位器的安装位置图
1—传动限位开关；2—鼠笼型电动机；
3—限位开关小齿轮

小车变幅机构的卷筒一侧,由卷筒轴直接带动,也可由固定于卷筒上的齿圈来驱动限位器工作。

(2)动臂式塔式起重机幅度限位器

对于动臂式塔式起重机,应设置臂架幅度限位开关,以防止臂架后翻。动臂式塔式起重机还应安装幅度指示器,以便塔式起重机司机能及时掌握幅度变化情况。

图3-18所示为动臂式塔式起重机的一种幅度指示器,装设于塔顶臂根铰点处,具有指示臂架工作幅度及防止臂架向极限幅度变幅的功能。图示的幅度指示及限位装置由一半圆形活动转盘6、刷托5、座板4、拔杆1、限位开关7等组成,拔杆随臂架的俯仰而转动,电刷根据不同角度分别接通指示灯触点,将起重臂的不同仰角通过灯光的亮熄信号传递到司机室的幅度指示盘上。

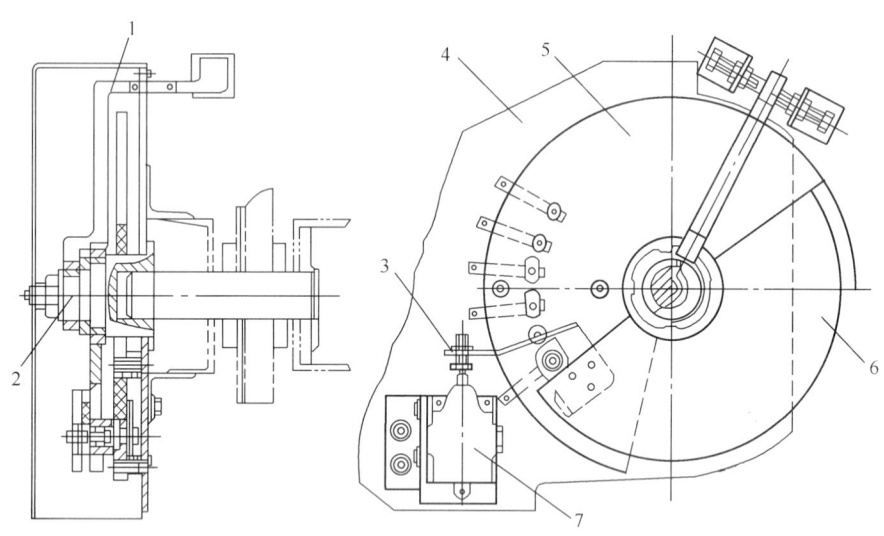

图3-18 动臂式塔式起重机幅度指示器
1—拔杆;2—心轴;3—弯铁;4—座板;5—刷托;6—半圆形活动转盘;7—限位开关

当起重臂与水平夹角小于极限角度时,电刷接通蜂鸣器而发出警告信号,说明此时并非正常工作幅度,不得进行吊装作业。当臂架仰角达到极限度时,上限位开关动作,变幅电路被切断电源,从而起到保护作用。从幅度指示盘的灯光信号的指示,塔式起重机司机可知起重臂架的仰角以及此时的工作幅度和允许的最大起重量。

图3-19所示为一种动臂式塔式起重机所使用的简单幅度限位器。

当吊臂接近最大仰角和最小仰角时,夹板2中的挡块3便推动安装于臂根铰点处的限位开关4的杠杆传动,从而切断变幅机构的电源,停止吊臂的变幅动作。通过改变挡块3的长度可以调节限位器的作用过程。

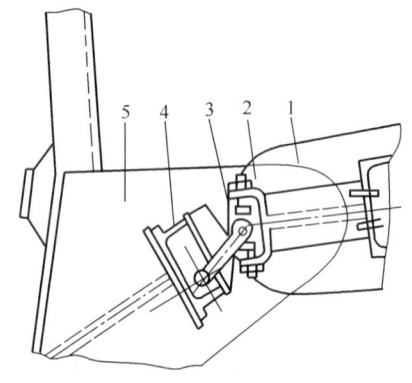

图3-19 动臂式塔式起重机幅度限位器
1—起重臂;2—夹板;3—挡块;
4—终点开关;5—臂根支座

6. 运行（行走）限位器

对于轨道行走式塔式起重机，每个运行方向均设有运行限位装置，限位装置由限位开关、缓冲器和终端止挡组成。

图3-20所示为一运行限位器，通常装设与行走台车的端部，前后台车各设一套，可使塔式起重机在运行到轨道基础端部缓冲止挡装置之前完全停车。限位器由限位开关、摇臂、滚轮和碰杆等组成，限位器的摇臂居中位时呈通电状态，滚轮有左右两个极限工作位置。铺设在轨道基础两端的位于钢轨近侧的坡道碰杆起着推动滚轮的作用，根据坡道斜度方向，滚轮分别向左或向右运动到极限位置，切断大车行走机构的电源。

7. 抗风防滑装置（夹轨器）

夹轨器是轨道式塔式起重机必不可少的安全装置，夹紧在轨道两侧，其作用是塔式起重机在非工作状态下，防止遭遇大风时塔式起重机滑行。图3-21所示为塔式起重机夹轨器结构简图。夹轨器安装在每个行走台车的车架两端，非工作状态时，把夹轨器放下来，转动螺栓2，使夹钳1夹紧在起重机的轨道3上，当处于工作状态时，把夹轨器提起来。

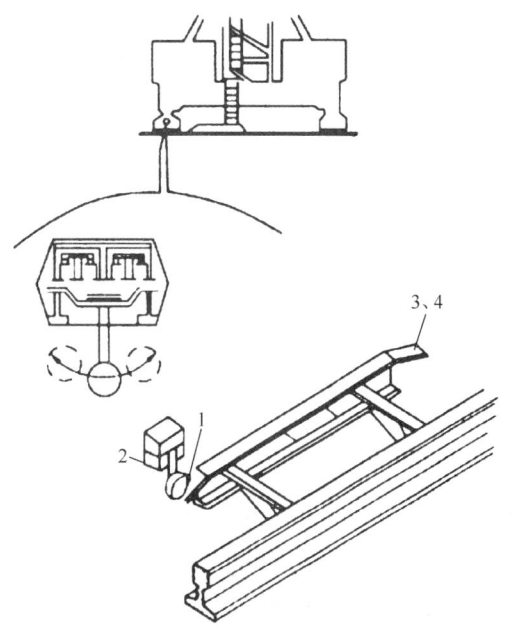

图3-20 行走式塔式起重机运行限位器
1—摇臂滚轮；2—限位开关；3、4—坡道碰杆

8. 风速仪

对臂根铰点高度超过50m的塔式起重机，配有风速仪。当风速大于工作允许风速时，应能发出警报。

9. 缓冲器

缓冲器是用来保证轨道式塔式起重机能比较平稳的停车，防止产生猛烈的撞击。其位置安装在距轨道末端挡块1m远处。图3-22所示为一轨道式塔式起重机所使用的缓冲器及挡块安装示意图。

10. 小车短绳保护装置

对于小车变幅式塔式起重机，为了防止小车牵引绳断裂导致小车失控，变幅的双向均设置小车短绳保护装置。

重锤式偏心挡杆使用较多的断绳保护装置，如图3-23所示。正常运行时挡杆2平卧，张紧的牵引钢丝绳从导向环3穿过。当小车牵引绳断裂时，挡杆2在偏心重锤1的作用下，翻转直立，遇到臂架的水平腹杆时，就会挡住小车的溜行。

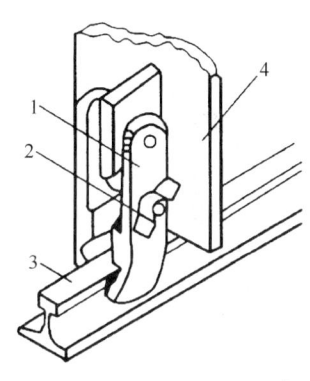

图3-21 塔式起重机夹轨器结构简图
1—夹钳；2—螺母；3—钢轨；4—车架

11. 小车断轴保护装置

在小车上设置小车断轴保护装置，防止小车滚轮轴断裂导致小车从高空坠落。

小车断轴保护装置是在小车架左右两根横梁上各固定两块挡板，当小车滚轮轴断裂

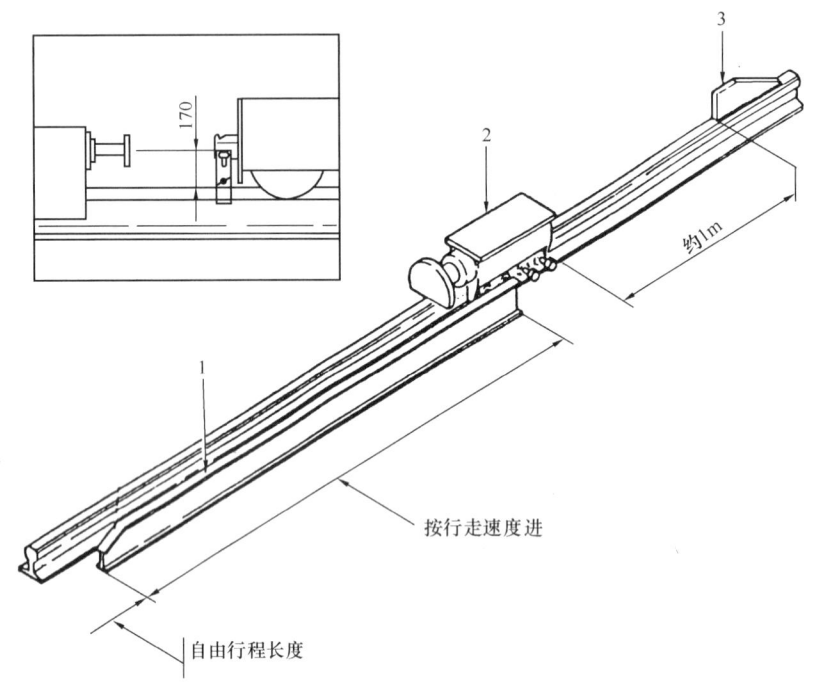

图 3-22 轨道式塔式起重机缓冲器及挡块安装示意
1—行走限位开关撞杆；2—弹性缓冲器；3—挡块

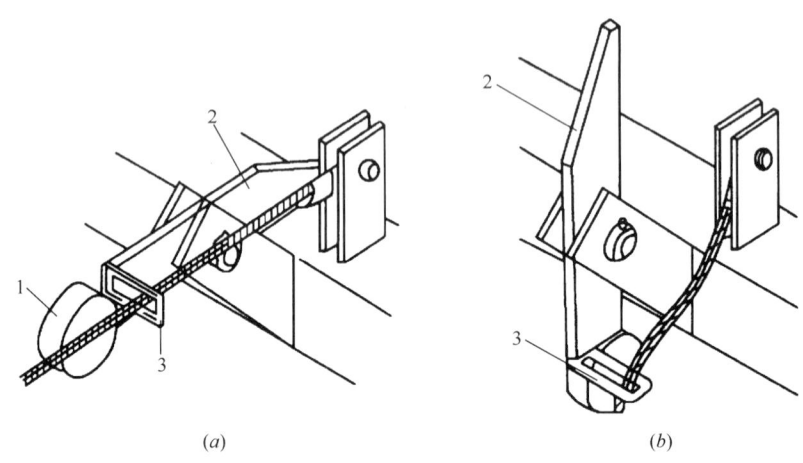

图 3-23 小车断绳保护装置
(a) 正常工作时保险器状态；(b) 断绳时保险器状态
1—重锤；2—挡杆；3—导向环

时，挡板即落在吊臂的弦杆上，挂住小车，使小车不能脱落。

12. 顶升横梁防脱装置

自升式塔式起重机在顶升或降节过程中，其顶升横梁两端的销轴支承在塔身标准节支承块的弧形槽内，该弧形槽为开口槽，顶升作业过程中，若由于多种原因使销轴从开口弧形槽中脱落,即会发生危险,甚至产生机毁人亡的重大事故,因此在塔机顶升机构上安装顶升防脱安全装置是非常必要的。

顶升防脱安全装置可以有效地避免顶升横梁两端销轴从标准节的支承块弧形槽中脱落,该装置的结构如图 3-24 所示。在顶升横梁固定块 3 外侧及标准节支承块 1 上设置一个 L 形销子,将 L 形销子中插入用以连接顶升横梁固定块 3 与标准节支承块 1 的防脱销轴。在顶升作业时,塔机上部结构的重量由顶升横梁两端的销轴 5 支承,防脱销轴 2 只起连接作用,完成一次顶升(或下降)作业后即可将防脱销轴拔出。

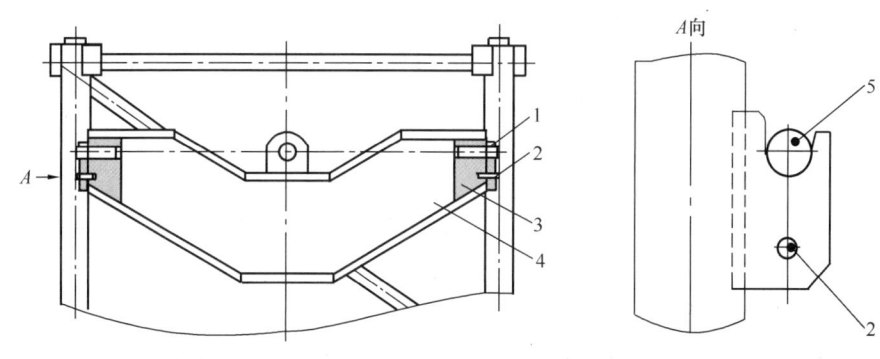

图 3-24 顶升防脱安全装置
1—标准节支承块;2—防脱销轴;3—顶升横梁固定块;4—顶升横梁;5—顶升销轴

3.1.5 安装

1. 安装条件

塔式起重机安装前,必须经维修保养,并应进行全面的检查,确认合格后方可安装。

塔式起重机的基础及其地基承载力应符合使用说明书和设计图纸的要求。安装前应对基础进行验收,合格后方可安装。基础周围应有排水设施。

行走式塔式起重机的轨道及基础应按使用说明书的要求进行设置,且应符合现行国家标准《塔式起重机安全规程》GB/T 5144 及《塔式起重机》GB/T 5031 的规定。

内爬式塔式起重机的基础、锚固、爬升支承结构等应根据使用说明书提供的载荷进行设计计算,并应对内爬式塔式起重机的建筑承载结构进行验算。

2. 塔式起重机的安装

安装前应根据专项施工方案,对塔式起重机基础的下列项目进行检查,确认合格后方可实施:

(1) 基础的位置、标高、尺寸。
(2) 基础的隐蔽工程验收记录和混凝土强度报告等相关资料。
(3) 安装辅助设备的基础、地基承载力、预埋件等。
(4) 基础的排水措施。

安装作业,应根据专项施工方案要求实施。安装作业人员应分工明确、职责清楚。安装前应对安装作业人员进行安全技术交底。

安装辅助设备就位后,应对其机械和安全性能进行检验,合格后方可作业。

安装所使用的钢丝绳、卡环、吊钩和辅助支架等起重机具均应符合规定,并应经检查合格后方可使用。

安装作业中应统一指挥，明确指挥信号。当视线受阻、距离过远时，应采用对讲机或多级指挥。

自升式塔式起重机的顶升加节应符合下列规定：
（1）顶升系统必须完好。
（2）结构构件必须完好。
（3）顶升前，塔式起重机下支座与顶升套架应可靠连接。
（4）顶升前，应确保顶升横梁搁置正确。
（5）顶升前，应将塔式起重机配平；顶升过程中，应确保塔式起重机的平衡。
（6）顶升加节的顺序，应符合使用说明书的规定。
（7）顶升过程中，不应进行起升、回转、变幅等操作。
（8）顶升结束后，应将标准节与回转下支座可靠连接。
（9）塔式起重机加节后需进行附着的，应按照先装附着装置、后顶升加节的顺序进行，附着装置的位置和支撑点的强度应符合要求。

塔式起重机的独立高度、悬臂高度应符合使用说明书的要求。

雨雪、浓雾天气严禁进行安装作业。安装时塔式起重机最大高度处的风速应符合使用说明书的要求并且风速不得超过 12m/s。塔式起重机不宜在夜间进行安装作业；当需在夜间进行塔式起重视安装和拆卸作业时，应保证提供足够的照明。

当遇特殊情况安装作业不能连续进行对，必须将已安装的部位固定牢靠并达到安全状态，经检查确认无隐患后，方可停止作业。

电气设备应按使用说明书的要求进行安装，安装所用的电源线路应符合现行行业标准《施工现场临时用电安全技术规范》JGJ 46 的要求。

塔式起重机的安全装置必须齐全。并应按程序进行调试合格。连接件及其防松防脱件严禁用其他代用品代用。连接件及其防松防脱件应使用力矩扳手或专用工具紧固连接螺栓。

安装完毕后，应及时清理施工现场的辅助用具和杂物。安装单位应对安装质量进行自检，并应按要求填写自检报告书。安装单位自检合格后，应委托有相应资质的检验检测机构进行检测。检验检测机构应出具检测报告书。安装质量的自检报告书和检测报告书应存入设备档案。经自检、检测合格后，应由总承包单位组织出租、安装、使用、监理等单位进行验收，并应按要求填写验收表，合格后方可使用。

塔式起重机停用 6 个月以上的，在复工前，应按要求重新进行验收，合格后方可使用。

3.1.6 使用

塔式起重机起重司机、起重信号工、司索工等操作人员应取得特种作业人员资格证书，严禁无证上岗。塔式起重机使用前，应对起重司机、起重信号工、司索工等作业人员进行安全技术交底。

塔式起重机的力矩限制器、重量限制器、变幅限位器、行走限位器、高度限位器等安全保护装置不得随意调整和拆除，严禁用限位装置代替操纵机构。塔式起重机回转、变幅、行走、起吊动作前应示意警示。起吊时应统一指挥，明确指挥信号；当指挥信号不清楚时，不得起吊。

塔式起重机起吊前，当吊物与地面或其他物件之间存在吸附力或摩擦力而未采取处理措施时，不得起吊。起吊前，应对安全装置进行检查，确认合格后方可起吊；安全装置失灵时，不得起吊。应对吊具与索具进行检查，确认合格后方可起吊；当吊具与索具不符合相关规定的，不得用于起吊作业。

作业中遇突发故障，应采取措施将吊物降落到安全地点，严禁吊物长时间悬挂在空中。

遇有风速在12m/s及以上的大风或大雨、大雪、大雾等恶劣天气时，应停止作业。雨雪过后，应先经过试吊，确认制动器灵敏可靠后方可进行作业。夜间施工应有足够照明，照明的安装应符合现行行业标准《施工现场临时用电安全技术规范》JGJ 46的要求。

塔式起重机不得起吊重量超过额定载荷的吊物，且不得起吊重量不明的吊物。在吊物载荷达到额定载荷的90%时，应先将吊物吊离地面200～500mm后，检查机械状况、制动性能、物件绑扎情况等，确认无误后方可起吊。对有晃动的物件，必须拴拉溜绳使之稳固。物件起吊时应绑扎牢固，不得在吊物上堆放或悬挂其他物件；零星材料起吊时，必须用吊笼或钢丝绳绑扎牢固。当吊物上站人时不得起吊。标有绑扎位置或记号的物件，应按标明位置绑扎。钢丝绳与物件的夹角宜为45°～60°，且不得小于30°。吊索与吊物棱角之间应有防护措施；未采取防护措施的，不得起吊。

作业完毕后，应松开回转制动器，各部件应置于非工作状态，控制开关应置于零位，并应切断总电源。

行走式塔式起重机停止作业时，应锁紧夹轨器。

当塔式起重机使用高度超过30m时，应配置障碍灯，起重臂根部铰点高度超过50m时应配备风速仪。

严禁在塔式起重机塔身上附加广告牌或其他标语牌。

每班作业应做好例行保养，并应作好记录。记录的主要内容应包括结构件外观、安全装置、传动机构、连接件、制动器、索具、夹具、吊钩、滑轮、钢丝绳、液位、油位、油压、电源、电压等。

实行多班作业的设备，应执行交接班制度，认真填写交接班记录，接班司机经检查确认无误后，方可开机作业。

塔式起重机应实施各级保养。转场时，应作转场保养，并应有记录。塔式起重机的主要部件和安全装置等应进行经常性检查，每月不得少于一次，并应有记录；当发现有安全隐患时，应及时进行整改。当塔式起重机使用周期超过一年时，应进行一次全面检查，合格后方可继续使用。当使用过程中塔式起重机发生故障时，应及时维修，维修期间应停止作业。

3.1.7 拆卸

塔式起重机拆卸作业宜连续进行；当遇特殊情况拆卸作业不能继续时，应采取措施保证塔式起重机处于安全状态。

当用于拆卸作业的辅助起重设备设置在建筑物上时，应明确设置位置、锚固方法，并应对辅助起重设备的安全性及建筑物的承载能力等进行验算。

拆卸前应检查主要结构件、连接件、电气系统、起升机构、回转机构、变幅机构、顶升机构等项目。发现隐患应采取措施，解决后方可进行拆卸作业。

附着式塔式起重机应明确附着装置的拆卸顺序和方法。自升式塔式起重机每次降节前，应检查顶升系统和附着装置的连接等，确认完好后方可进行作业。

拆卸时应先降节，后拆除附着装置。拆卸完毕后，为塔式起重机拆卸作业而设置的所有设施应拆除，清理场地上作业时所用的吊索具、工具等各种零配件和杂物。

3.2 施工升降机

3.2.1 概念和分类

1. 概念

建筑施工升降机（又称外用电梯、施工电梯、附壁式升降机）是一种使用工作笼（吊笼）沿导轨架作垂直（或倾斜）运动用来运送人员和物料的机械。

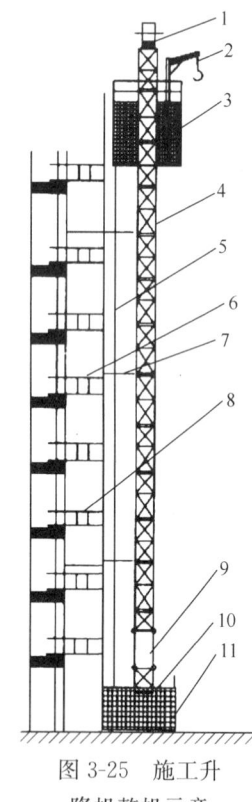

图 3-25 施工升降机整机示意

1—天轮架；2—吊杆；3—吊笼；4—导轨架；5—电缆；6—后附墙架；7—前附墙架；8—护栏；9—配重；10—吊笼；11—基础

施工升降机可根据需要的高度到施工现场进行组装，一般架设可达 100m，用于超高层建筑施工时可达 200m。施工升降机可借助本身安装在顶部的电动吊杆组装，也可利用施工现场的塔吊等起重设备组装。另外由于梯笼和平衡臂的对称布置，故倾覆力矩很小，立柱又通过附壁与建筑结构牢固连接（不需缆风绳），所以受力合理可靠。施工升降机为保证使用安全，本身设置了必要的安全装置，这些装置应该经常保持良好的状态，防止意外事故。由于施工升降机结构坚固，拆装方便，不用另设机房，因此，被广泛应用于工业、民用高层建筑施工、桥梁、矿井、水塔的高层物料和人员的垂直运输。

2. 分类

（1）建筑施工升降机按驱动方式分为：齿轮齿条驱动（SC 型）、卷扬机钢丝绳驱动（SS 型）和混合驱动（SH 型）三种。SC 型升降机的吊笼内装有驱动装置，驱动装置的输出齿轮与导轨架上的齿条相啮合，当控制驱动电动机正、反转时，吊装将沿着车轨上、下移动。SS 式升降机的吊笼沿轨架上下移动是借助于卷扬机收、放钢丝来实现的。图 3-25 是齿条传动双吊笼施工升降机整机示意图。

（2）按导轨架的结构可分为单柱和双柱两种。

一般情况下，SC 型建筑施工升降机多采用单柱式导轨架，而且采取上接节方式。SC 型建筑施工升降机按其吊笼数又分单笼和双笼两种。单导轨架双吊笼的 SC 型建筑施工升降机，在导轨架的两侧各装一个吊笼，每个吊笼有各自的驱动装置，并可独立地上、下移动，从而提高了运送客货的能力。

3.2.2 构造

施工升降机主要由金属结构、驱动机构、安全保护装置和电气控制系统等部分组成。

1. 金属结构

金属结构由吊笼、底笼、导轨架、对（配）重、天轮架及小起重机构、附墙架等组成。

（1）吊笼（梯笼）

吊笼（梯笼）是施工升降机运载人和物料的构件，笼内有传动机构、防坠安全器及电气箱等，外侧附有驾驶室，设置了门保险开关与门连锁，只有当吊笼前后两道门均关好后，梯笼才能运行。

吊笼内空净高度不得小于2m。对于SS型人货两用升降机，提升吊笼的钢丝绳不得少于两根，且应是彼此独立的。钢丝绳的安全系数不得小于12，直径不得小于9mm。

（2）底笼

底笼的底架是施工升降机与基础连接部分，多用槽钢焊接成平面框架，并用地脚螺栓与基础相固结。底笼的底架上装有导轨架的基础节，吊笼不工作时停在其上。底笼四周有钢板网护栏，入口处有门，门的自动开启装置与梯笼门配合动作。在底笼的骨架上装有四个缓冲弹簧，在梯笼坠落时起缓冲作用。

（3）导轨架

导轨架是吊笼上下运动的导轨、升降机的主体，能承受规定的各种载荷。导轨架是由若干个具有互换性的标准节，经螺栓连接而成的多支点的空间桁架，用来传递和承受荷载。标准节的截面形状有正方形、矩形和三角形，标准节的长度与齿条的模数有关，一般每节为1.5m。导轨架的主弦杆和腹杆多用钢管制造，横缀条则选用不等边角钢。

（4）对（配）重

对重用以平衡吊笼的自重，可改善结构受力情况，从而提高电动机功率利用率和吊笼载重。

（5）天轮架及小起重机构

天轮架由导向滑轮和天轮架钢结构组成，用来支承和导向配重的钢丝绳。

（6）天轮

立挂顶的左前方和右后方安装两组定滑轮，分别支承两对吊笼和对重，当单笼时，只使用一组天轮。

（7）附墙架

立柱的稳定是靠与建筑结构进行附墙连接来实现的。附墙架用来使导轨架能可靠地支承在所施工的建筑物上。附墙架多由型钢或钢管焊成平面桁架。

（8）钢丝绳

钢丝绳是用来驱动施工升降机的绳索装置。

2. 驱动机构

施工升降机的驱动机构一般有两种形式。一种为齿轮齿条式，一种为卷扬机钢丝绳式。

3. 安全保护装置

（1）防坠安全器

防坠安全器是施工升降机主要的安全装置，它可以限制梯笼的运行速度，防止坠落。安全器应能保证升降机吊笼出现不正常超速运行时及时动作，将吊笼制停。防坠安全器为限速制停装置，应采用渐进式安全器。钢丝绳施工升降机额定提升速度小于等于 0.63m/s 时，可使用瞬时式安全器。但人货两用型仍应使用速度触发型防坠安全器。

防坠安全器的工作原理：当吊笼沿导轨架上、下移动时，齿轮沿齿条滚动。当吊笼以额定速度工作时，齿轮带动传动轴及其上的离心块空转。一旦驱动装置的传动件损坏，吊笼将失去控制并沿导轨架快速下滑（当有配重，而且配重大于吊笼一侧载荷时，吊笼在配重的作用下，快速上升）。随着吊笼的速度提高，防坠安全器齿轮的转速也随之增加。当转速增加到防坠安全器的动作转速时，离心块在离心力和重力的作用下与制动轮的内表面上的凸齿相啮合，并推动制动轮转动。制动轮尾部的螺杆使螺母沿着螺杆做轴向移动，进一步压缩螺形弹簧组，逐渐增加制动轮与制动轮之间的制动力矩，直到将工作笼制动在导轨架上为止。在防坠安全器左端的下表面上，装有行程开关。当导板向右移动一定距离后，与行程开关触头接触，并切断驱动电动机的电源。

防坠安全器动作后，吊笼应不能运行。只有当故障排除，安全器复位后吊笼才能正常运行。

（2）缓冲弹簧

在施工升降机的底架上有缓冲弹簧，以便当吊笼发生坠落事故时，减轻吊笼的冲击。

（3）上、下限位开关

为防止吊笼上、下时超过需停位置时，防止司机误操作和电气故障等原因继续上升或下降引发事故而设置。上下限位开关必须为自动复位型，上限位开关的安装位置应保证吊笼触发限位开关后，留有的上部安全距离不得小于 1.8m，与上极限开关的越程距离为 0.15m。

（4）上、下极限开关

上、下极限开关是在上、下限位开关一旦不起作用，吊笼继续上行或下降到设计规定的最高极限或最低极限位置时能及时切断电源，以保证吊笼安全。极限开关为非自动复位型，其动作后必须手动复位才能使吊笼重新启动。

（5）安全钩

安全钩是为防止吊笼到达预先设定位置，上限位器和上极限限位器因各种原因不能及时动作。吊笼继续向上运行，将导致吊笼冲击导轨架顶部而发生倾翻坠落事故而设置的。安全钩是安装在吊笼上部的重要也是最后一道安全装置，安全钩安装在传动系统齿轮与安全器齿轮之间，当传动系统齿轮脱离齿条后，安全钩防止吊笼脱离导轨架。它能使吊笼上行到导轨架顶部的时候，安全钩钩住导轨架，保证吊笼不发生倾翻坠落事故。

（6）吊笼门、底笼门连锁装置

施工升降机的吊笼门、底笼门均装有电气连锁开关，它们能有效地防止因吊笼或底笼门未关闭就启动运行而造成人员坠落和物料滚落，只有当吊笼门和底笼门完全关闭时才能启动运行。

（7）急停开关

当吊笼在运行过程中发生各种原因的紧急情况时，司机应能及时按下急停开关，使吊笼立即停止，防止事故的发生。急停开关必须是非自行复位的电气安全装置。

（8）楼层通道门

施工升降机与各楼层均搭设了运料和人员进出的通道，在通道口与升降机结合部必须设置楼层通道门。此门在吊笼上下运行时处于常闭状态，只有在吊笼停靠时才能由吊笼内的人打开。应做到楼层内的人员无法打开此门，以确保通道口处在封闭的条件下不出现危险。

4. 电气控制系统

施工升降机的每个吊笼都有一套电气控制系统。施工升降机的电气控制系统包括：电源箱、电控箱、操作台和安全保护系统等组成。

3.2.3 安装拆卸方案

施工升降机安装作业前，安装单位应编制施工升降机安装、拆卸工程专项施工方案，由安装单位技术负责人批准后，报送施工总承包单位或使用单位、监理单位审核，并告知工程所在地县级以上建设行政主管部门。

施工升降机安装、拆卸工程专项施工方案应根据使用说明书的要求、作业场地及周边环境的实际情况、施工升降机使用要求等编制。当安装、拆卸过程中专项施工方案发生变更时，应按程序更新对方案进行审批，未经审批不得继续进行安装、拆卸作业。

施工升降机安装、拆卸工程专项施工方案应包括下列主要内容：

1. 工程概况。
2. 编制依据。
3. 作业人员组织和职责。
4. 施工升降机安装位置平面、立面图和安装作业范围平面图。
5. 施工升降机技术参数、主要零部件外形尺寸和重量。
6. 辅助起重设备的种类、型号、性能及位置安排。
7. 吊索具的配置、安装与拆卸工具及仪器。
8. 安装、拆卸步骤与方法。
9. 安全技术措施。
10. 安全应急预案。

3.2.4 安装

1. 安装条件

施工升降机地基、基础应满足使用说明书的要求。对基础设置在地下室顶板、楼面或其他下部悬空结构上的施工升降机，应对基础支撑结构进行承载力验算。施工升降机安装前应对基础进行验收，合格后方能安装。

安装作业前，安装单位应根据施工升降机基础验收表、隐蔽工程验收单和混凝土强度报告等相关资料，确认所安装的施工升降机和辅助起重设备的基础、地基承载力、预埋件、基础排水措施等符合施工升降机安装、拆卸工程专项施工方案的要求。

施工升降机安装前应对各部件进行检查。对有可见裂纹的构件应进行修复或更换，对有严重锈蚀、严重磨损、整体或局部变形的构件必须进行更换，符合产品标准的有关规定后方能进行安装。

安装作业前,应对辅助起重设备和其他安装辅助用具的机械性能和安全性能进行检查,合格后方能投入作业。

安装作业前,安装技术人员应根据施工升降机安装、拆卸工程专项施工方案和使用说明书的要求,对安装作业人员进行安全技术交底,并由安装作业人员在交底书上签字。在施工期间内,交底书应留存备查。

有下列情况之一的施工升降机不得安装使用:

(1) 属国家明令淘汰或禁止使用的。
(2) 超过由安全技术标准或制造厂家规定使用年限的。
(3) 经检验达不到安全技术标准规定的。
(4) 无完整安全技术档案的。
(5) 无齐全有效的安全保护装置的。

施工升降机必须安装防坠安全器。防坠安全器应在一年有效标定期内使用。

施工升降机应安装超载保护装置。超载保护装置在载荷达到额定载重量的110%前应能中止吊笼启动,在齿轮齿条式载人施工升降机载荷达到额定载重量的90%时应能给出报警信号。

附墙架附着点处的建筑结构承载力应满足施工升降机使用说明书的要求。施工升降机的附墙架形式、附着高度、垂直间距、附着点水平距离、附墙架与水平面之间的夹角、导轨架自由端高度和导轨架与主体结构间水平距离等均应符合使用说明书的要求。当附墙架不能满足施工现场要求时,应对附墙架另行设计。附墙架的设计应满足构件刚度、强度、稳定性等要求,制作应满足设计要求。

在施工升降机使用期限内,非标准构件的设计计算书、图纸、施工升降机安装工程专项施工方案及相关资料应在工地存档。基础预埋件、连接构件的设计、制作应符合使用说明书的要求。安装前应做好施工升降机的保养工作。

2. 安装作业

安装作业人员应按施工安全技术交底内容进行作业。安装单位的专业技术人员、专职安全生产管理人员应进行现场监督。

施工升降机的安装作业范围应设置警戒线及明显的警示标志。非作业人员不得进入警戒范围。任何人不得在悬吊物下方行走或停留。进入现场的安装作业人员应佩戴安全防护用品,高处作业人员应系安全带,穿防滑鞋。作业人员严禁酒后作业。安装作业中应统一指挥,明确分工。

危险部位安装时应采取可靠的防护措施。当指挥信号传递困难时,应使用对讲机等通信工具进行指挥。

当遇大雨、大雪、大雾或风速大于13m/s等恶劣天气时,应停止安装作业。

电气设备安装应按施工升降机使用说明书的规定进行,安装用电应符合现行行业标准《施工现场临时用电安全技术规范》JGJ 46的规定。施工升降机金属结构和电气设备金属外壳均应接地,接地电阻不应大于4Ω。

安装时应确保施工升降机运行通道内无障碍物。安装作业时必须将按钮盒或操作盒移至吊笼顶部操作。

当导轨架或附墙架上有人员作业时,严禁开动施工升降机。传递工具或器材不得采用投掷的方式。

在吊笼顶部作业前应确保吊笼顶部护栏齐全完好。吊笼顶上所有的零件和工具应放置平稳，不得超出安全护栏。

安装作业过程中安装作业人员和工具等总载荷不得超过施工升降机的额定安装载重量。

当安装吊杆上有悬挂物时，严禁开动施工升降机。严禁超载使用安装吊杆。

层站应为独立受力体系，不得搭设在施工升降机附墙架的立杆上。

当需安装导轨架加厚标准节时，应确保普通标准节和加厚标准节的安装部位正确，不得用普通标准节替代加厚标准节。导轨架安装时，应对施工升降机导轨架的垂直度进行测量校准。施工升降机导轨架安装垂直度偏差应符合使用说明书和表3-1的规定。

安装垂直度偏差　　　　　　　　　表3-1

导轨架架设高度 h（m）	$h \leqslant 70$	$70 < h \leqslant 100$	$100 < h \leqslant 150$	$150 < h \leqslant 200$	$h > 200$
垂直度偏差（mm）	$\leqslant (1/1000)h$	$\leqslant 70$	$\leqslant 90$	$\leqslant 110$	$\leqslant 130$

对钢丝绳式施工升降机，垂直度偏差不大于$(1.5/1000)h$。

接高导轨架标准节时，应按使用说明书的规定进行附墙连接。每次加节完毕后，应对施工升降机导轨架的垂直度进行校正，且应按规定及时重新设置行程限位和极限限位，经验收合格后方能运行。

连接件和连接件之间的防松防脱件应符合使用说明书的规定，不得用其他物件代替。对有预紧力要求的连接螺栓，应使用扭力扳手或专用工具，按规定的拧紧次序将螺栓准确地紧固到规定的扭矩值。安装标准节连接螺栓时，宜螺杆在下，螺母在上。

施工升降机最外侧边缘与外面架空输电线路的边线之间，应保持安全操作距离。最小安全操作距离应符合表3-2的规定。

最小安全操作距离　　　　　　　　　表3-2

外电线电路电压（kV）	<1	1～10	35～110	220	330～500
最小安全操作距离（m）	4	6	8	10	15

当发现故障或危及安全的情况时，应立刻停止安装作业，采取必要的安全防护措施，应设置警示标志并报告技术负责人。在故障或危险情况未排除之前，不得继续安装作业。当遇意外情况不能继续安装作业时，应使已安装的部件达到稳定状态并固定牢靠，经确认合格后方能停止作业。

作业人员下班离岗时，应采取必要的防护措施，并应设置明显的警示标志。

安装完毕后应拆除为施工升降机安装作业而设置的所有临时设施，清理施工场地上作业时所用的索具、工具、辅助用具、各种零配件和杂物等。

钢丝绳式施工升降机的安装还应符合下列规定：

(1) 卷扬机应安装在平整、坚实的地点，且应符合使用说明书的要求。

(2) 卷扬机、曳引机应按使用说明书的要求固定牢靠。

(3) 应按规定配备防坠安全装置。

(4) 卷扬机卷筒、滑轮、曳引轮等应有防脱绳装置。

(5) 每天使用前应检查卷扬机制动器，动作应正常。

(6) 卷扬机卷筒与导向滑轮中心线应垂直对正，钢丝绳出绳偏角大于2°时应设置排绳器。

(7) 卷扬机的传动部位应安装牢固的防护罩；卷扬机卷筒旋转方向应与操纵开关上指示方向一致。卷扬机钢丝绳在地面上运行区域内应有相应的安全保护措施。

3. 施工升降机的验收

施工升降机安装完毕且经调试后，安装单位应对安装质量进行自检，并应向使用单位进行安全使用说明。

安装单位自检合格后，应经有相应资质的检验检测机构监督检验。检验合格后，使用单位应组织租赁单位、安装单位和监理单位等进行验收。实行施工总承包的，应由施工总承包单位组织验收。

严禁使用未经验收或验收不合格的施工升降机。

使用单位应自施工升降机安装验收合格之日起30日内，将施工升降机安装验收资料、施工升降机安全管理制度、特种作业人员名单等，向工程所在地县级以上建设行政主管部门办理使用登记备案。

安装自检表、检测报告和验收记录等应纳入设备档案。

3.2.5 安全使用

1. 使用前准备工作

施工升降机司机应持有建筑施工特种作业操作资格证书，不得无证操作。使用单位应对施工升降机司机进行书面安全技术交底，交底资料应留存备查。

使用单位应按使用说明书的要求对需润滑部件进行全面润滑。

2. 操作使用

不得使用有故障的施工升降机。严禁施工升降机使用超过有效标定期的防坠安全器。

施工升降机额定载重量、额定乘员数标牌应置于吊笼醒目位置。严禁在超过额定载重量或额定乘员数的情况下使用施工升降机。

当电源电压值与施工升降机额定电压值的偏差超过±5%或供电总功率小于施工升降机的规定值时，不得使用施工升降机。

应在施工升降机作业范围内设置明显的安全警示标志，应在集中作业区做好安全防护。

当建筑物超过2层时，施工升降机地面通道上方应搭设防护棚。当建筑物高度超过24m时，应设置双层防护棚。

使用单位应根据不同的施工阶段、周围环境、季节和气候，对施工升降机采取相应的安全防护措施。使用单位应在现场设置相应的设备管理机构或配备专职的设备管理人员，并指定专职设备管理人员、专职安全生产管理人员进行监督检查。

当遇大雨、大雪、大雾、施工升降机顶部风速大于20m/s或导轨架、电缆表面结有冰层时，不得使用施工升降机。

严禁用行程限位开关作为停止运行的控制开关。

使用期间，使用单位应按使用说明书的要求对施工升降机定期进行保养。

在施工升降机基础周边水平距离5m以内，不得开挖井沟，不得堆放易燃易爆物品及其他杂物。施工升降机运行通道内不得有障碍物。不得利用施工升降机的导轨架、横竖支撑、层站等牵拉或悬挂脚手架、施工管道、绳缆标语、旗帜等。

施工升降机安装在建筑物内部井道中时，应在运行通道四周搭设封闭屏障。安装在阴暗处或夜班作业的施工升降机，应在全行程装设明亮的楼层编号标志灯。夜间施工时作业区应有足够的照明，照明应满足现行行业标准《施工现场临时用电安全技术规范》JGJ 46的要求。

施工升降机不得使用脱皮、裸露的电线、电缆。

施工升降机吊笼底板应保持干燥整洁。各层站通道区域不得有物品长期堆放。

施工升降机司机严禁酒后作业。工作时间内司机不应与其他人员闲谈，不应有妨碍施工升降机运行的行为。施工升降机司机应遵守安全操作规程和安全管理制度。实行多班作业的施工升降机，应执行交接班制度，交班司机应填写交接班记录表。接班司机应进行班前检查，确认无误后，方能开机作业。施工升降机每天第一次使用前，司机应将吊笼升离地面1~2m，停车查验制动器的可靠性。当发现问题，应经修复合格后方能运。

施工升降机每3个月应进行1次1.25倍额定重量的超载试验，确保制动器性能安全可靠。

工作时间内司机不得擅自离开施工升降机。当有特殊情况需离开时，应将施工升降机停到最底层，关闭电源并锁好吊笼门。操作手动开关的施工升降机时，不得利用机电连锁开动或停止施工升降机。

层门门栓宜设置在靠施工升降机一侧，且层门应处于常闭状态。未经施工升降机司机许可，不得开启层门。

施工升降机专用开关箱应设置在导轨架附近便于操作的位置，配电容量应满足施工升降机直接启动的要求。

施工升降机使用过程中，运载物料的尺寸不应超过吊笼的界限。散状物料运载时应装入容器、进行捆绑或使用织物袋包装，堆放时应使载荷分布均匀。运载熔化沥青、强酸、强碱、溶液、易燃物品或其他特殊物料时，应由相关技术部门做好风险评估和采取安全措施，且应向施工升降机司机、相关作业人员书面交底后方能载运。

当使用搬运机械向施工升降机吊笼内搬运物料时，搬运机械不得碰撞施工升降机。卸料时，物料放置速度应缓慢。当运料小车进入吊笼时，车轮处的集中荷载不应大于吊笼底板底和层站底板的允许承载力。

吊笼上的各类安全装置应保持完好有效。经过大雨、大雪、台风等恶劣天气后应对各安全装置进行全面检查，确认安全有效后方能使用。

当在施工升降机运行中发现异常情况时，应立即停机，直到排除故障后方能继续运行。当在施工升降机运行中由于断电或其他原因中途停止时，可进行手动下降。吊笼手动下降速度不得超过额定运行速度。

作业结束后应将施工升降机返回最底层停放，将各控制开关拨到零位，切断电源，锁好开关箱、吊笼门和地面防护围栏门。

钢丝绳式施工升降机的使用还应符合下列规定：

（1）钢丝绳应符合现行国家标准《起重机钢丝绳保养、维护、安装、检验和报废》GB/T 5972 的规定。

（2）施工升降机吊笼运行时钢丝绳不得与遮掩物或其他物件发生碰触或摩擦。

（3）当吊笼位于地面时，最后缠绕在卷扬机卷筒上的钢丝绳不应少于 3 圈，且卷扬机卷筒上钢丝绳应无乱绳现象。

（4）卷扬机工作时，卷扬机上部不得放置任何物件。

（5）不得在卷扬机、曳引机运转时进行清理或加油。

3. 检查、保养和维修

在每天开工前和每次换班前，施工升降机司机应按使用说明书对施工升降机进行检查。对检查结果应进行记录，发现问题应向使用单位报告。

在使用期间，使用单位应每月组织专业技术人员对施工升降机进行检查，并对检查结果进行记录。

当遇到可能影响施工升降机安全技术性能的自然灾害、发生设备事故或停工 6 个月以上时，应对施工升降机重新组织检查验收。

应按使用说明书的规定对施工升降机进行保养、维修。保养、维修的时间间隔应根据使用频率、操作环境和施工升降机状况等因素确定。使用单位应在施工升降机使用期间安排足够的设备保养、维修时间。

对保养和维修后的施工升降机，经检测确认各部件状态良好后，宜对施工升降机进行额定载重量试验。双吊笼施工升降机应对左右吊笼分别进行额定载重量试验。试验范围应包括施工升降机正常运行的所有方面。

施工升降机使用期间，每 3 个月应进行不少于一次的额定载重量坠落试验。坠落试验的方法、时间间隔及评定标准应符合使用说明书和现行国家标准《施工升降机》GB/T10054 的有关要求。

对施工升降机进行检修时应切断电源，并应设置醒目的警示标志。当需通电检修时，应做好防护措施。

不得使用未排除安全隐患的施工升降机。

严禁在施工升降机运行中进行保养、维修作业。

施工升降机保养过程中，对磨损、破坏程度超过规定的部件，应及时进行维修或更换，并由专业技术人员检查验收。

应将各种与施工升降机检查、保养和维修相关的记录纳入安全技术档案，并在施工升降机使用期间内在工地存档。

3.2.6 拆卸

拆卸前应对施工升降机的关键部件进行检查，当发现问题时，应在问题解决后方能进行拆卸作业。

施工升降机拆卸作业应符合拆卸工程专项施工方案的要求。应有足够的工作面作为拆卸场地，应在拆卸场地周围设置警戒线和醒目的安全警示标志，并应派专人监护。拆卸施工升降机时，不得在拆卸作业区域内进行与拆卸无关的其他作业。

夜间不得进行施工升降机的拆卸作业。

拆卸附墙架时施工升降机导轨架的自由端高度应始终满足使用说明书的要求。应确保与基础相连的导轨架在最后一个附墙架拆除后，仍能保持各方向的稳定性。

施工升降机拆卸应连续作业。当拆卸作业不能连续完成时，应根据拆卸状态采取相应的安全措施。

吊笼未拆除之前，非拆卸作业人员不得在地面防护围栏内、施工升降机运行通道内、导轨架内以及附墙架上等区域活动。

3.3 物料提升机

物料提升机是建筑施工现场常用的一种输送物料的垂直运输设备。它以卷扬机为动力，以底架、立柱及天梁为架体，以钢丝绳为传动，以吊笼（吊篮）为工作装置。在架体上装设滑轮、导轨、导靴、吊笼、安全装置等和卷扬机配套构成完整的垂直运输体系。物料提升机构造简单，用料品种和数量少，制作容易，安装拆卸和使用方便，价格低，是一种投资少、见效快的装备机具，因而受到施工企业的欢迎，近几年得到了快速发展。

3.3.1 分类

1. 按结构形式的不同，物料提升机可分为龙门架式物料提升机和井架式物料提升机。

（1）龙门架式物料提升机：以地面卷扬机为动力，由两根立柱与天梁构成门架式架体、吊篮（吊笼）在两立柱间沿轨道作垂直运动的提升机。

（2）井架式物料提升机：以地面卷扬机为动力，由型钢组成井字形架体、吊笼（吊篮）在井孔内或架体外侧沿轨道作垂直运动的提升机。

2. 按架设高度的不同，物料提升机可分为高架物料提升机和低架物料提升机。

（1）架设高度在30m（含30m）以下的物料提升机为低架物料提升机。

（2）架设高度在30m（不含30m）至150m的物料提升机为高架物料提升机。

3.3.2 结构

物料提升机的结构设计，应满足制作、运输、安装、使用等各种条件下的强度、刚度和稳定性要求，并应符合现行国家标准《起重机设计规范》GB/T 3811的规定。

1. 结构设计时应考虑下列荷载：

（1）常规荷载：包括由重力产生的荷载，由驱动机构、制动器的作用使物料提升机加（减）速运动产生的荷载及结构位移或变形引起的荷载。

（2）偶然荷载：包括由工作状态的风、雪、冰、温度变化及运行偏斜引起的荷载。

（3）特殊荷载：包括由物料提升机防坠安全器试验引起的冲击荷载。

荷载的计算应符合现行国家标准《起重机设计规范》GB/T 3811的规定。物料提升机的整机工作级别应为现行国家标准《起重机设计规范》GB/T 3811规定。

2. 物料提升机承重构件的截面尺寸应经计算确定，并应符合下列规定：

（1）钢管壁厚不应小于3.5mm。

（2）角钢截面不应小于50mm×5mm。

（3）钢板厚度不应小于6mm。

3. 物料提升机承重构件除应满足强度要求，尚应符合下列规定：

（1）物料提升机导轨架的长细比不应大于150，井架结构的长细比不应大于180。

（2）附墙架的长细比不应大于180。

（3）井架式物料提升机的架体，在各停层通道相连接的开口处应采取加强措施。

4. 吊笼结构除应满足强度设计要求，尚应符合下列规定：

（1）吊笼内净高度不应小于2m，吊笼门及两侧立面应全高度封闭；底部挡脚板应符合《起重机设计规范》中的相关规定。

（2）吊笼门及两侧立面宜采用网板结构，孔径应小于25mm。吊笼门的开启高度不应低于1.8m；其任意500mm² 的面积上作用300N的力，在边框任意一点作用1kN的力时，不应产生永久变形。

（3）吊笼顶部宜采用厚度不小于1.5mm的冷轧钢板，并应设置钢骨架；在任意0.01m² 面积上作用1.5kN的力时，不应产生永久变形。

（4）吊笼底板应有防滑、排水功能；其强度在承受125%额定荷载时，不应产生永久变形；底板宜采用厚度不小于50mm的木板或不小于1.5mm的钢板。

（5）吊笼应采用滚动导靴。

（6）吊笼的结构强度应满足坠落试验要求。

当标准节采用螺栓连接时，螺栓直径不应小于M12，强度等级不宜低于8.8级。

物料提升机自由端高度不宜大于6m，附墙架间距不宜大于6m。

物料提升机的导轨架不宜兼作导轨。

3.3.3 动力与传动装置

1. 卷扬机

卷扬机的设计及制作应符合现行国家标准《建筑卷扬机》GB/T 1955 的规定。卷扬机的牵引力应满足物料提升机设计要求。

卷筒节径与钢丝绳直径的比值不应小于30。卷筒两端的凸缘至最外层钢丝绳的距离不应小于钢丝绳直径的2倍。

钢丝绳在卷筒上应整齐排列，端部应与卷筒压紧装置连接牢固。当吊笼处于最低位置时，卷筒上的钢丝绳不应少于3圈。

卷扬机应设置防止钢丝绳脱出卷筒的保护装置。该装置与卷筒外缘的间隙不应大于3mm，并应有足够的强度。

物料提升机严禁使用摩擦式卷扬机。

2. 曳引机

曳引轮直径与钢丝绳直径的比值不应小于40，包角不宜小于150°。

当曳引钢丝绳为2根及以上时，应设置曳引力自动平衡装置。

3. 滑轮

滑轮直径与钢丝绳直径的比值不应小于30。滑轮应设置防钢丝绳脱出装置，并应符合规定。

滑轮与吊笼或导轨架，应采用刚性连接。严禁采用钢丝绳等柔性连接或使用开口拉板式滑轮。

4. 钢丝绳

钢丝绳的选用应符合现行国家标准《钢丝绳》GB/T 8918 的规定。钢丝绳的维护、检验和报废应符合现行国家标准《起重机用钢丝绳检验和报废实用规范》GB/T 5972 的规定。

自升平台钢丝绳直径不应小于 8mm，安全系数不应小于 12。

提升吊笼钢丝绳直径不应小于 12mm，安全系数不应小于 8。

安装吊杆钢丝绳直径不应小于 6mm，安全系数不应小于 8。

缆风绳直径不应小于 8mm，安全系数不应小于 3.5。

当钢丝绳端部固定采用绳夹时，绳夹规格应与绳径匹配，数量不应少于 3 个，间距不应小于绳径的 6 倍，绳夹夹座应安放在长绳一侧，不得正反交错设置。

3.3.4 安全装置与防护设施

1. 安全装置

当载荷达到额定起重量的 90% 时，起重量限制器应发出警示信号；当载荷达到额定起重量的 110% 时，起重量限制器应切断上升主电路电源。

当吊笼提升钢丝绳断绳时，防坠安全器应制停带有额定起重量的吊笼，且不应造成结构损坏。自升平台应采用渐进式防坠安全器。

安全停层装置应为刚性机构，吊笼停层时，安全停层装置应能可靠承担吊笼自重、额定载荷及运料人员等全部工作载荷。吊笼停层后底板与停层平台的垂直偏差不应大于 50mm。

限位装置应符合下列规定：

（1）上限位开关：当吊笼上升至限定位置时，触发限位开关，吊笼被制停，上部越程距离不应小于 3m。

（2）下限位开关：当吊笼下降至限定位置时，触发限位开关，吊笼被制停。

紧急断电开关应为非自动复位型，任何情况下均可切断主电路停止吊笼运行。紧急断电开关应设在便于司机操作的位置。

缓冲器应承受吊笼及对重下降时相应冲击荷载。

当司机对吊笼升降运行、停层平台观察视线不清时，必须设置通信装置，通信装置应同时具备语音和影像显示功能。

2. 防护设施

（1）防护围栏应符合下列规定：

1）物料提升机地面进料口应设置防护围栏；围栏高度不应小于 1.8m，围栏立面可采用网板结构，强度应符合规定。

2）进料口门的开启高度不应小于 1.8m，强度应符合规定；进料口门应装有电气安全开关，吊笼应在进料口门关闭后才能启动。

（2）停层平台及平台门应符合下列规定：

1）停层平台的搭设应符合现行行业标准《建筑施工扣件式钢管脚手架安全技术规范》JGJ 130 及其他相关标准的规定，并应能承受 3kN/m² 的荷载。

2）停层平台外边缘与吊笼门外缘的水平距离不宜大于100mm，与外脚手架外侧立杆（当无外脚手架时与建筑结构外墙）的水平距离不宜小于1m。

3）停层平台两侧的防护栏杆、挡脚板应符合规定。

4）平台门应采用工具式、定型化，强度应符合规定。

5）平台门的高度不宜小于1.8m，宽度与吊笼门宽度差不应大于200mm，并应安装在台口外边缘处，与台口外边缘的水平距离不应大于200mm。

6）平台门下边缘以上180mm内应采用厚度不小于1.5mm钢板封闭，与台口上表面的垂直距离不宜大于20mm。

7）平台门应向停层平台内侧开启，并应处于常闭状态。

（3）进料口防护棚应设在提升机地面进料口上方，其长度不应小于3m，宽度应大于吊笼宽度。顶部强度应符合规定，可采用厚度不小于50mm的木板搭设。

（4）卷扬机操作棚应采用定型化、装配式，且应具有防雨功能。操作棚应有足够的操作空间，顶部强度应符合规定。

3.3.5 电气

选用的电气设备及元件应符合物料提升机工作性能、工作环境等条件的要求。

物料提升机的总电源应设置短路保护及漏电保护装置，电动机的主回路应设置失压及过电流保护装置。

物料提升机电气设备的绝缘电阻值不应小于0.5MΩ，电气线路的绝缘电阻值不应小于1MΩ。

物料提升机防雷及接地应符合现行行业标准《施工现场临时用电安全技术规范》JGJ 46的规定。

携带式控制开关应密封、绝缘，控制线路电压不应大于36V，其引线长度不宜大于5m。

工作照明开关应与主电源开关相互独立。当主电源被切断时，工作照明不应断电，并应有明显标志。

动力设备的控制开关严禁采用倒顺开关。

物料提升机电气设备的制作和组装，应符合现行国家标准《低压成套开关设备和控制设备》GB 7251和《施工现场临时用电安全技术规范》JGJ 46的规定。

3.3.6 基础、附墙架、缆风绳与地锚

1. 基础

物料提升机的基础应能承受最不利工作条件下的全部载荷。

（1）30m及以上物料提升机的基础应进行设计计算。

（2）对30m以下物料提升机的基础，当设计无要求时，应符合下列规定：

1）基础土层的承载力，不应小于80kPa。

2）基础混凝土强度等级不应低于C20，厚度不应小于300mm。

3）基础表面应平整，水平度不应大于10mm。

4）基础周边应有排水设施。

2. 附墙架

当导轨架的安装高度超过设计的最大独立高度时，必须安装附墙架。附墙架宜采用制造商提供的标准附墙架，当标准附墙架结构尺寸不能满足要求时，可经设计计算采用非标附墙架，并应符合下列规定：

（1）附墙架的材质应与导轨架相一致。

（2）附墙架与导轨架及建筑结构采用刚性连接，不得与脚手架连接。

（3）附墙架间距、自由端高度不应大于使用说明书的规定值。

（4）附墙架的结构形式，可按规范选用。

3. 缆风绳

（1）当物料提升机安装条件受到限制不能使用附墙架时，可采用缆风绳，缆风绳的设置应符合说明书的要求，并应符合下列规定：

1）每一组四根缆风绳与导轨架的连接点应在同一水平高度，且应对称设置；缆风绳与导轨架的连接处应采取防止钢丝绳受剪破坏的措施。

2）缆风绳宜设在导轨架的顶部；当中间设置缆风绳时，应采取增加导轨架刚度的措施。

3）缆风绳与水平面夹角宜在45°~60°之间，并应采用与缆风绳等强度的花篮螺栓与地锚连接。

（2）当物料提升机安装高度大于或等于30m时，不得使用缆风绳。

4. 地锚

地锚应根据导轨架的安装高度及土质情况，经设计计算确定。

30m以下物料提升机可采用桩式地锚。当采用钢管（48mm×3.5mm）或角钢（75mm×6mm）时，不应少于2根；应并排设置，间距不应小于0.5m，打入深度不应小于1.7m；顶部应设有防止缆风绳滑脱的装置。

地锚应根据导轨架的安装高度及土质情况，经设计计算确定。

3.3.7 安装、拆除

（1）安装、拆除物料提升机的单位应具备下列条件：

1）安装、拆除单位应具有起重机械安拆资质及安全生产许可证。

2）安装、拆除作业人员必须经专门培训，取得特种作业资格证。

（2）物料提升机安装、拆除前，应根据工程实际情况编制专项安装、拆除方案，且应经安装、拆除单位技术负责人审批后实施。

（3）专项安装、拆除方案应具有针对性、可操作性，并应包括下列内容：

1）工程概况。

2）编制依据。

3）安装位置及示意图。

4）专业安装、拆除技术人员的分工及职责。

5）辅助安装、拆除起重设备的型号、性能、参数及位置。

6）安装、拆除的工艺程序和安全技术措施。

7）主要安全装置的调试及试验程序。

(4) 安装作业前的准备，应符合下列规定：
1) 物料提升机安装前，安装负责人应依据专项安装方案对安装作业人员进行安全技术交底。
2) 应确认物料提升机的结构、零部件和安全装置经出厂检验，并符合要求。
3) 应确认物料提升机的基础已验收，并符合要求。
4) 应确认辅助安装起重设备及工具经检验，并符合要求。
5) 应明确作业警戒区，并设专人监护。

(5) 基础的位置应保证视线良好，物料提升机任意部位与建筑物或其他施工设备间的安全距离不应小于0.6m；与外电线路的安全距离应符合现行行业标准《施工现场临时用电安全技术规范》JGJ 46的规定。

(6) 卷扬机（曳引机）的安装，应符合下列规定：
1) 卷扬机安装位置宜远离危险作业区，且视线良好；操作棚应符合《龙门架及井架物料提升机安全技术规程》的有关规定。
2) 卷扬机卷筒的轴线应与导轨架底部导向轮的中线垂直，垂直度偏差不宜大于2°，其垂直距离不宜小于20倍卷筒宽度；当不能满足条件时，应设排绳器。
3) 卷扬机（曳引机）宜采用地脚螺栓与基础固定牢固；当采用地锚固定时，卷扬机前端应设置固定止挡。

(7) 导轨架的安装程序应按专项方案要求执行。紧固件的紧固力矩应符合使用说明书要求。安装精度应符合下列规定：
1) 导轨架的轴心线对水平基准面的垂直度偏差不应大于导轨架高度的0.15%。
2) 标准节安装时导轨结合面对接应平直，错位形成的阶差应符合下列规定：
①吊笼导轨不应大于1.5mm。
②对重导轨、防坠器导轨不应大于0.5mm。
3) 标准节截面内，两对角线长度偏差不应大于最大边长的0.3%。

(8) 钢丝绳宜设防护槽，槽内应设滚动托架，且应采用钢板网将槽口封盖。钢丝绳不得拖地或浸泡在水中。

(9) 拆除作业前，应对物料提升机的导轨架、附墙架等部位进行检查，确认无误后方能进行拆除作业。

(10) 拆除作业应先挂吊具、后拆除附墙架或缆风绳及地脚螺栓。拆除作业中，不得抛掷构件。

(11) 拆除作业宜在白天进行，夜间作业应有良好的照明。

3.3.8 验收

物料提升机安装完毕后，应由工程负责人组织安装单位、使用单位、租赁单位和监理单位等对物料提升机安装质量进行验收，并应按规定填写验收记录。

物料提升机验收合格后，应在导轨架明显处悬挂验收合格标志牌。

3.3.9 安全使用

1. 使用单位应建立设备档案，档案内容应包括下列项目：

(1) 安装检测及验收记录。

(2) 大修及更换主要零部件记录。

(3) 设备安全事故记录。

(4) 累计运转记录。

2. 物料提升机必须由取得特种作业操作证的人员操作。

3. 物料提升机严禁载人。

4. 物料应在吊笼内均匀分布，不应过度偏载。

5. 不得装载超出吊笼空间的超长物料，不得超载运行。

6. 在任何情况下，不得使用限位开关代替控制开关运行。

7. 物料提升机每班作业前司机应进行作业前检查，确认无误后方可作业。应检查确认下列内容：

(1) 制动器可靠有效。

(2) 限位器灵敏完好。

(3) 停层装置动作可靠。

(4) 钢丝绳磨损在允许范围内。

(5) 吊笼及对重导向装置无异常。

(6) 滑轮、卷筒防钢丝绳脱槽装置可靠有效。

(7) 吊笼运行通道内无障碍物。

8. 当发生防坠安全器制停吊笼的情况时，应查明制停原因，排除故障，并应检查吊笼、导轨架及钢丝绳，应确认无误并重新调整防坠安全器后运行。

9. 物料提升机夜间施工应有足够照明，照明用电应符合现行行业标准《施工现场临时用电安全技术规范》JGJ 46 的规定。

10. 物料提升机在大雨、大雾、风速 13m/s 及以上大风等恶劣天气时，必须停止运行。

11. 作业结束后，应将吊笼返回最底层停放，控制开关应扳至零位，并应切断电源，锁好开关箱。

3.4 机动翻斗车

机动翻斗车是一种方便灵活的水平运输机械，在建筑施工中常用于运输砂浆、混凝土熟料以及散装物料等。其基本组成与汽车类似，装有发动机、离合器、变速箱、传动轴、驱动桥、转向桥、制动器、车轮和车厢等机构。一般机动翻斗车的底盘结构如图 3-26 所示。

机动翻斗车安全使用要点：

(1) 机动翻斗车属厂内运输车辆，司机按有关培训考核，持证上岗。

(2) 车上除司机外不得带人行驶。此种车辆一般只有驾驶员座位，且现场作业路面不好，行驶不安全。驾驶时以一挡起步为宜，严禁三挡起步。下坡时，不得脱挡滑行。

(3) 向坑槽或混凝土料斗内卸料，应保持安全距离，并设置轮胎的防护挡板，防止到槽边自动下溜或卸料时翻车。

(4) 翻斗车卸料时先将车停稳，再抬起锁机构，手柄进行卸料，禁止在制动的同时进

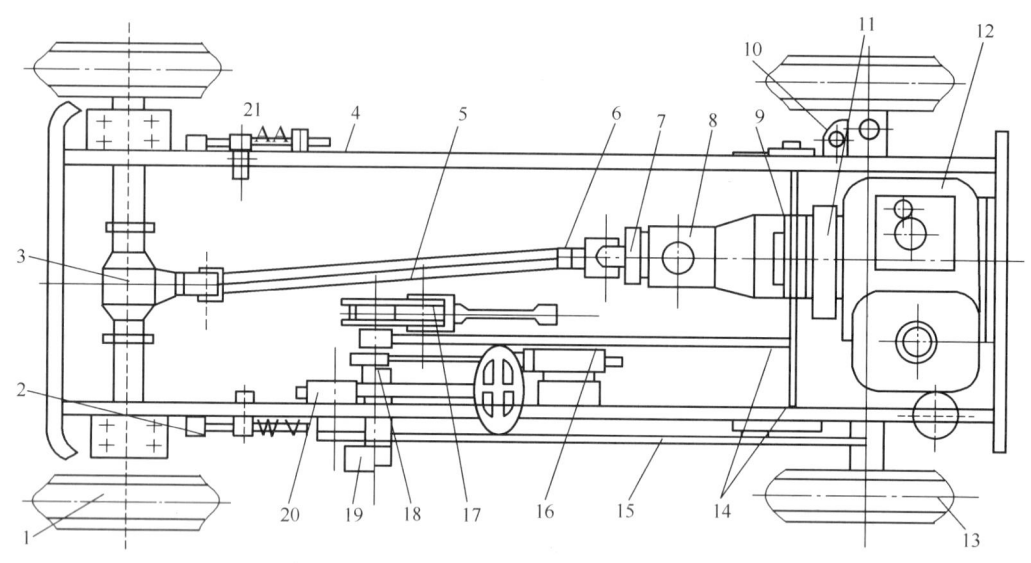

图 3-26 机动翻斗车底盘的基本结构

1—驱动轮；2—翻斗拉杆；3—驱动桥；4—车架；5—传动轴；6—十字轴万向节；
7—手制动器；8—变速箱；9—离合器带轮；10—转向梯形结构；11—飞轮；12—发动机；
13—转向轮；14—离合器分拉杆；15—转向纵拉杆；16—制动总泵；17—车斗锁定机构；
18—制动踏板；19—离合器踏板；20—转向器；21—翻斗拉杆

行翻斗卸料，避免造成惯性移位事故。

（5）严禁料斗内载人。料斗禁止在卸料工况下行驶或进行平地作业。

（6）内燃机运转或料斗内荷载时，严禁在车底下进行任何作业。

（7）用完后要及时冲洗，司机离车必须将内燃机熄灭，并挂空挡，拉紧手制动器。

3.5 龙 门 吊

龙门吊主要由主梁结构、支腿、行走梁、行走结构、电器、梯子司机室组成。

龙门吊各主要构件间均为螺栓或销轴连接，使龙门吊的运输、安装和转场作业方便、快速安全。

3.5.1 龙门吊的组拼与拆除

1. 龙门吊组拼顺序

（1）安装前的准备

包括安装用起重设备、工具、索具、仪器，零部件的点收、检测。

（2）结构件组装

主要是主梁回平框架和支腿组装。

（3）运行走机构安装

先在轨道上安装点处划出四个行走台车的相应位置，再进行行走台车吊装，并用楔块将行走台车稳固定位。

(4) U形门框安装

将四根支腿和两根行走梁组装成两个U形门框,在门框上部加支撑横梁。汽车吊吊点设在横梁中间,起吊后U形门框与运行台车连接。用缆风绳稳固。

(5) 主梁水平框架安装

将两根箱型主梁和端梁组装成框架,放在支架上。主梁的放置位置,以两台汽车吊在水平框架上挂钩后,不做过大旋转动作和变幅动作为宜。汽车吊同步提升主梁水平框架,使其离支架10cm高后制动。检查汽车吊制动器和拴挂吊具的可靠性,无误后,继续向上提升主梁至超过门腿上口法兰20~30cm后停止,慢速摆动吊臂调整主梁方位,使主梁与门腿的连接法兰对位,再次同步慢速下降主梁,当上下两片法兰相距约2cm时,汽车吊停止落钩。利用锥销穿到入铰制螺栓孔中,使连接法兰精确对位。最后,主梁水平框架下降,支承于支腿上,穿好连接螺栓。

(6) 小车整体吊装

汽车吊吊索拴在小车吊装孔后,提升小车整体至超过主梁上盖板的小车轨道高度,按设计方向将小车运行车轮与小车轨道中心线对齐,慢速下落到轨道上,随之汽车吊摘钩。

(7) 司机室及附件安装。接着完成司机室、检修平台、梯子、扶手及栏杆的安装。

(8) 电气及控制装置安装。

包括电力电缆、电气设备和元件以及控制系统、安全指示系统的安装。

(9) 吊具的安装

龙门吊组拼工艺流程

安装准备→结构件组装→行走机构安装→U形门框安装→主梁水平框架安装→小车吊装→司机室及附件安装→电气及控制装置安装→吊具安装

2. 龙门吊的试运转

龙门吊的试运转包括试运转前的检查、空负荷试运转、静负荷试验和动负荷试运转。在上步骤未合格前,不得进行下一步骤的试运转。

(1) 龙门吊试运转前,按下列要求进行检查:

电气系统、安全联锁装置、制动器、控制器、照明和信号系统等安装符合要求,其动作灵敏和准确。

钢丝绳的固定及其在吊钩、滑轮组和卷筒上的缠绕正确、可靠。

各润滑点和减速器所加的油脂的性能、规格和数量符合技术文件的规定。

转动各运行机构的制动轮,应使车轮旋转一周不应有阻滞现象。

龙门吊的空负荷试运转符合下列要求:

操纵机构的操作方向与龙门吊的各机构运转方向相符。

分别开动各机构的电动机,其运转应正常,大车和小车运行时不应卡轨;各制动器能准确及时地动作,各限位开关及安全装置动作准确可靠。

当吊钩下放到最低位置时,卷筒上钢丝绳的圈数不少于3圈。

夹轨器、制动器、锚定装置的动作准确、可靠;龙门吊的防碰撞装置,缓冲器能可靠地工作。

转动各运行机构的制动轮,应使车轮旋转一周不应有阻滞现象,可作一至二次试验,其余各项试验均不少于五次,且动作应准确无误。

(2) 龙门吊的静负荷试验符合下列要求：

1) 先开动起升机构，进行空负荷升降操作，并使小车在全行程上往返运行。试验三次后无异常现象。

2) 将小车停在跨中，以额定起重量的50%、75%做起升试运转，直至加到额定负荷，小车在主梁全行程上往返五次，各部分无异常现象。

3) 将小车停在龙门吊跨中，缓慢起升1.25倍额定负荷，离开地面10cm悬停10分钟。卸去负荷将小车开到支腿处，龙门吊金属结构无永久变形、无裂纹、焊缝开裂、油漆脱落，连接螺栓无松动，测量主梁上拱度应大于17.5mm。

4) 龙门吊静刚度检查。将小车开到跨中，起升额定负荷离开地面20cm，待龙门吊及负荷停稳后，测量主梁上拱值，该值与第3)项结果之差不大于25mm。

(3) 龙门吊的动负荷试验符合下列要求：

该龙门吊仅对起升机构和小车运行机构分别进行动负荷试验。试验负荷为额定起重量的1.1倍。分别开动上述两个机构，反复上升下降或往返运行。试验时间均不少于10分钟。试验中检查各机构运行是否平稳，各制动器、安全限位装置的工作时是否灵敏、准确、可靠，各轴承处及电动机的温升是否正常。试验后，再次检查龙门吊金属结构的焊接质量和机械连接质量及各部位连接螺栓的紧固情况。

3.5.2 龙门吊的拆除

龙门吊完成阶段架梁任务，需转场或退场时，可在汽车吊的配合下，按照与安装相反的顺序将设备、器材吊至地面，化整为零。运输可采用一般运输车辆。

3.6 高处作业吊篮

3.6.1 电动吊篮的安装布置、移位方案

1. 吊篮运抵施工现场后，将支架、钢丝绳和配重用施工电梯分别运到顶层，再用人工将其运至屋面，然后分别搬运至相应位置的地面。

2. 支架安装程序：将屋面进行适当的保护后，先组装吊杆，然后将吊杆穿入前后支架的方钢管内，接着将上支架及加强钢丝绳安装到位，再将承重钢丝绳伸出墙面投放下去，最后将支架定位并安放配重块到后支架上。

3. 篮体安装程序：先组装篮底、篮片，再安装侧篮、提升机和安全锁，最后安装上限位开关。

4. 检验：吊篮安装过程中，必须注意工作中的自检和互检，并重点检查与吊臂连接处每根钢丝绳有4个卡扣，要特别注意各连接点的螺栓的弹垫、平垫是否齐全和牢固。

5. 试车：上述工作确认之后，电缆接二次电控箱，接工地提供的总电源。先做点动实验，再将钢丝绳安装到提升机和安全锁内，上下运动吊篮3～5次，每次的升高高度约为3m。最后再检查各连接点的安装情况。

6. 移位：将钢丝绳从提升机和安全锁内抽出，并抽回屋面；再将支架、钢丝绳和配重用施工电梯运到目的楼面，并相应移动吊篮篮体。

注意在吊篮安装完毕使用以前，必须从屋面垂下一根独立的安全绳，在安全绳上安装一个自锁器，施工人员在施工中必须将安全带挂在安全绳上的自锁器上。

3.6.2 电气控制系统

1. 吊篮应单独设置二级电箱，电箱作为吊篮的专用。
2. 电气控制系供电应采用三相五线制。接零、接地线应始终分开，接地线应采用黄绿相间线。
3. 吊篮的电气系统应可靠的接地，接地电阻不应大于 4Ω，在接地装置处应有接地标志。电气控制部分应有防水、防震、防尘措施。其元件应排列整齐，连接牢固，绝缘可靠。电控柜门应装锁。
4. 控制用按钮开关动作应准确可靠，其外露部分由绝缘材料制成，应能承受 50Hz 正弦波形、1250V 电压为时 1min 的耐压试验。
5. 带电零件与机体间的绝缘电阻不应低于 2MΩ。
6. 电气系统必须设置过热、短路、漏电保护等装置。
7. 悬吊平台上必须设置紧急状态下切断主电源控制回路的急停按钮，该电路独立于各控制电路。急停按钮为红色，并有明显的"急停"标志，不能自动复位。
8. 电气控制箱按钮应动作可靠，标识清晰、准确。
9. 应采取防止随行电缆碰撞建筑物、过度拉紧或其他可能导致损坏的措施。

3.6.3 电动吊篮安全保证措施

1. 电动吊篮在使用过程中，严禁空中上下人员及物料，以防止坠人、坠物、上下人员及物料必须在吊篮降至地面后进行。
2. 操作人员必须经过培训，持证上岗。
3. 严禁酒后操作吊篮。
4. 严禁在吊篮内打闹和向下抛洒杂物。
5. 严禁将吊篮作为载物和乘人的垂直运输工具。
6. 操作人员必须戴好安全帽，系牢安全带，安全绳到位。
7. 安全带要通过安全扣固定在从屋面上垂下的安全绳上的不锈钢自锁器上。
8. 四级（含四级）以上大风严禁使用吊篮。
9. 雨天严禁使用吊篮。
10. 吊篮在每天开始使用前，必须要认真检查，并将检查情况记录在《吊篮施工日志》上。
11. 一旦发现故障，必须立即停止使用并通知检修人员；待检修合格后才可以继续使用。
12. 作业结束后，吊篮应与建筑物固定，并切断电源，锁好电气控制箱。
13. 不准光脚、穿拖鞋（或其他易打滑的鞋）上岗。
14. 平台内施工人员允许一到四人操作，严禁四人以上操作。
15. 吊篮平台内采用电焊施工时，应对钢丝绳、电缆进行适当的防护。
16. 吊篮未着地不允许进行位置移动。

17. 吊篮的负载不得超过 630kg 严禁集中堆载、偏载、超载。
18. 配重块必须均匀码放，以保证负载平衡。
19. 吊篮的安装、升降、拆除、维修必须由持证操作人员进行。

3.7 附着式升降脚手架

附着升降脚手架构造

1. 附着升降脚手架定义

根据 2010 年 9 月 1 日起实施的《建筑施工附着式脚手架安全技术规范》JGJ 202—2010 2.1.2 条给出的定义，附着升降脚手架是指："搭设一定高度并附着于工程结构上，依靠自身的升降设备和装置，可随工程结构逐层爬升或下降，并具有防倾覆、防坠落装置的外脚手架"即称为附着升降脚手架。

因其特点是"附着"在建筑物的梁或墙上，并且是一层一层地上升或下降，因此又俗称为"爬架"。按照《建筑施工附着式脚手架安全技术规范》JGJ 202—2010 2.1.1 条给出的定义，工具式脚手架是指："为操作人员搭设或设立的作业场所或平台，其主要架体构件为工厂制作的专用的钢结构产品，在现场按特定的程序组装后，附着在建筑物上自行或利用机械设备，沿建筑物可整体或部分升降的脚手架。"附着式脚手架属于工具式脚手架。

2. 附着升降脚手架的类型

附着升降脚手架类型很多，例如：导轨式、主套架式、悬挑式、吊拉式（互爬式）等。目前采用最多的类型是导轨式附着升降脚手架，提升设备除个别厂家采用吊杆式液压千斤顶外，几乎所有厂家都采用电动葫芦。

3. 附着升降脚手架主要构造

目前尚无严格划分，一般认为划分为以下五个部分较为合适：

（1）架体结构，包括竖向主框架、水平支撑桁架（亦称底部桁架）、架体构架（钢管搭设或全钢制作）。

（2）附着支撑结构，指直接附着在工程结构上，并与竖向主框架相连接，承受并传递脚手架荷载的支承结构。包括支座、连接支座的穿墙螺栓、导轨、悬臂梁及斜拉杆等。

（3）安全装置，包括防倾覆装置、防坠落装置和同步升降装置。

（4）升降设备，目前升降设备主要有手拉葫芦和液压传动设备，但普遍以采用电动葫芦为主。

（5）控制系统包括电控柜、遥感器、电缆线等。

4. 附墙支座

直接附着在工程结构上，并与竖向主框架相连接，承受并传递脚手架荷载的支撑结构。附墙支座主要用来附着架体、悬挂动力系统、安装防倾装置，传递施工及升降工况载荷，防坠器冲击载荷传递的作用。标准型附墙支座全部用国标型钢焊接制作，刚性系数为10，极限承载为 35t，重量为 16.3kg。

固定在支座上导向架套在导轨上同架体连接固定，升降时架体通过导轮沿导轨升降，有效地解决了防倾覆问题，并且起导向作用，保证了架体升降平稳。架体受荷载后直接通过支座将荷载均匀卸载给建筑物。

3 垂直和水平运输机械

5. 提升装置

主要作用：提供升（降）动力，将架体荷载传至建筑物。提升装置由提升上吊环、下吊块提升葫芦等组成。提升葫芦是整个架体提升的动力来源，在提升时把架体所受荷载通过电葫芦传递给建筑物。提升设备（电动葫芦）主要参数：电动葫芦的额定起重量为7.5t，链条长6m，单台净重约72kg，电机功率500W，提升速度为12cm/min。

上吊环安装在支座中部，用来连接电动葫芦上钩，把它们有效的链接在一起，下吊块安装在桁架底部用来连接电葫芦下钩，使整个提升装置跟底部桁架连接。

6. 防坠装置

防坠落装置是一种架体在升降和使用过程中发生意外坠落时的制动装置。

目前防坠装置类型有摆针式、钢吊杆式、转轮式等。

防坠器安装在附墙支座的指定位置。其基本工作原理是：

在架体提升时利用防坠装置重心与销孔不在同一竖向直线，且防坠装置由于重力倒向提升架轨道一侧。当提升架发生意外坠落时，防坠落装置由于支座角钢卡阻不能向下运动，使得架体停止向下运动。

当架体下降施工时，由于防坠装置安装复位弹簧，弹簧拉力设计为防坠装置中心对称两侧重量差。当架体按照设计速度正常下降时，防坠装置复位时间为架体导轨横杆刚好通过。但是当提升架发生意外坠落时，由于重力加速度的存在而改变了正常情况下的匀速下降，使架体下降到防坠装置复位的时间变短（没来得及复位），提升架导轨横杆不能通过防坠装置，从而阻止了架体下滑，起到防坠落作用。

7. 防倾装置（导轮导轨）

防倾装置可以防止附着升降脚手架内外倾翻。使用时在每个附墙支座上设置一组防倾装置，从上至下共三组。导向架上的导轮与竖向主框架上的导轨形成导轮导轨直线运动，在升降过程中，约束和保持着架体沿导轮滑移，从而起到限位和防倾覆作用。

8. 载荷控制系统

能够反映控制升降机构在工作中所能承受载荷的装置系统。

该系统由传感器、智能分控制柜、智能主控制柜组成。可以实现对架体载荷的时时采集、载荷值显示、载荷监控和当载荷值大于5t时自动停止。

（1）智能主控制柜 该控制器具有对架子的升降控制、交流380V和220V电压显示、每个机位载荷值显示、载荷过大自动停止（报警）和急停等功能。总控制柜上设有显示装置，可直观看出多点的同步性，在每个升降动力处设置一个荷载传感器，控制升降载荷，当载荷超出或未达到设计载荷范围时，控制系统会在秒时内自动切断电源并报警，待原因查明，排除隐患后再自动升降，实现了升降过程中的自动监察和监控，提高了脚手架的整体可靠性。

（2）分控箱

每个机位设置一个分控制箱，分控制箱带有显示功能，可以显示该位置的载荷值，通过单机操作按钮可以完成对该机位电葫芦的单机升降或预紧作业。

当开始提升架体时，按下提升按钮，如在提升的过程中有机位过载，在显示器上相应位置的荷载值和柱状条纹会变成红色，同时伴有报警声，此时整个系统会自动断电，停止架体提升，这时工人便可按显示器上显示的故障机位进行查找与修理。

（3）同步控制装置（传感器）

在架体升降中控制各升降点的升降速度，时时采集每个机位载荷值，同时完成载荷值的转换和传递。使各升降点的载荷或高差在设计范围内，即控制各点相对垂直位移的装置。

4 混凝土机械

本章要点：混凝土搅拌机的类型、特点、应用、选择和使用，混凝土搅拌车的特点、组成和使用，混凝土泵和混凝土泵车的构造组成，混凝土振动机械的类型、选用及安全使用，滑模和升板机械的装置和设备等内容。

4.1 混凝土搅拌机

4.1.1 混凝土搅拌机的类型、特点和应用

混凝土搅拌机按照进料、搅拌、出料是否连续，可分为周期作业和连续作业两种形式。周期作业式混凝土搅拌机按其搅拌原理分为自落式和强制式两种。

自落式搅拌机的搅拌原理：物料由固定在旋转搅拌筒内壁的叶片带至高处，靠自重下落而进行搅拌。

自落式搅拌机可以搅拌流动性和塑性混凝土拌合物。由于结构简单、磨损小、维修保养方便、能耗低，虽然它的搅拌性能不如强制式搅拌机，但仍得到广泛应用。特别是对流动性混凝土拌合物，选用自落式搅拌机不仅搅拌质量稳定，而且不漏浆，比强制式搅拌机经济。

强制式搅拌机可以搅拌各种稠度的混凝土拌合物和轻骨料混凝土拌合物，这种搅拌机拌和时间短、生产率高，以拌合干硬性混凝土为主，在混凝土预制构件厂和商品混凝土搅拌楼（站）中占主导地位。

我国混凝土搅拌机的生产已基本定型，其产品型号由汉语拼音字母和数字两部分组成。J：搅拌机；G：搅拌筒为鼓形；Z：锥形反转出料；Q：强制式；F：锥形倾翻出料式；R：内燃机驱动。数字除以1000表示额定出料容量，单位为m^3，如JG250表示出料容量为$0.25m^3$的鼓形自落式混凝土搅拌机。

混凝土搅拌机的主要性能参数有出料容量、进料容量、搅拌机额定功率、每小时工作循环次数和骨料最大粒径。相关标准中规定：混凝土搅拌机一律以每筒出料并经捣实后的体积（m^3）作为搅拌机的额定容量，这一容量即性能参数中的出料容量。出料容量与进料容量在数量上的关系为：

$$出料容量（m^3）=进料容量×5/8（m^3）$$

4.1.2 混凝土搅拌机类型的选择和使用

混凝土搅拌机类型的选择和使用是否恰当，将直接影响到工程造价、进度和质量。因此，必须根据工程量的大小、搅拌机的使用年限、施工条件及所施工的混凝土施工特性（如骨料最大粒径、坍落度大小、黏聚性等）来正确选择混凝土搅拌机的类型、出料容量和台数，并合理使用。在选择混凝土搅拌机的具体型号和数量时，一般应考虑以下几点：

1. 从工程量和工期方面考虑。当混凝土工程量大，且工期长，宜选用中型或大型固定式混凝土搅拌机群、搅拌楼（站）；当混凝土需求量不太大，且工期不太长，宜选用中型固定式或中、小型移动式混凝土搅拌机组；当混凝土需求零散且用量较小，以选用中小型或小型移动式混凝土搅拌机为宜。

2. 从动力方面考虑。当电源充足，则应选用电动搅拌机；在无电源或电源不足的场合，应选用内燃机驱动的搅拌机。

3. 从工程所需混凝土的性质考虑。混凝土为塑性、半塑性时，宜选用自落式搅拌机；若要求混凝土为高强度、干硬性或细石骨料混凝土时，宜选用强制式搅拌机。

4. 从混凝土组成特性和稠度方面考虑。当混凝土稠度小，且骨料粒径大，宜选用容

量大一些的自落式搅拌机；当混凝土稠度大且骨料粒径也较大时，宜选用搅拌筒旋转速度快一些的自落式搅拌机；当混凝土稠度大，骨料粒径小（粒径不大于60mm的卵石或粒径不大于40mm的碎石），宜选用强制式搅拌机或中小容量的锥形反转出料式搅拌机。

4.1.3 常用搅拌机型号及特点

1. JG250型混凝土搅拌机

JG250型混凝土搅拌机是比较早期的一种典型的自落式搅拌机，其适应骨料最大粒径为60mm。它的特点是结构简单紧凑，配套齐全，运行平稳，操作简便，使用安全。因而至今仍是建筑工地用于搅拌塑性混凝土的机械。JG250型混凝土搅拌机主要由动力传动系统、进出料机构、搅拌机构、配水系统、操作系统、机架和行走机构等组成。图4-1为JG250型混凝土搅拌机示意图。

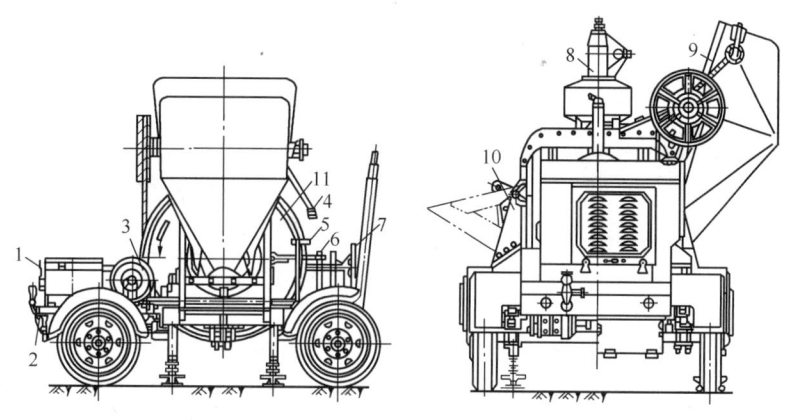

图4-1 JG250型混凝土搅拌机示意

1—动力箱；2—水泵；3—进料斗提升离合器；4—加水控制手柄；5—进料斗提升手柄；
6—进料斗下降手柄；7—出料手轮；8—配水箱；9—料斗；10—出料槽；11—搅拌鼓筒

2. JZ350型混凝土搅拌机

JZ350型混凝土搅拌机为锥形搅拌筒、反转出料、移动式混凝土搅拌机。按它的搅拌原理属于自落式，其适应骨料最大粒径为60mm。JZ350型混凝土搅拌机适用于拌合塑性和低流动性混凝土，搅拌时，锥形搅拌筒旋转，叶片使物料提升、下落的同时，还强迫物料作轴向窜动。这种搅拌机与鼓形自落式搅拌机相比，其搅拌比较强烈，生产率高，拌出来的混凝土质量好，这种搅拌机的构造也较简单、操作方便，因而在建筑工地获得广泛的应用。JZ350型混凝土搅拌机主要由动力传动系统、上料机构、搅拌机构、配水系统、电器控制部分、机架和行走机构等组成。图4-2为JZ350型混凝土搅拌机示意图。

3. JQ250型强制式混凝土搅拌机

JQ250型强制式混凝土搅拌机属于立轴涡浆式混凝土搅拌机。该搅拌机具有结构紧凑、体积较小、工作中封闭性好、拌合混凝土均匀等优点。它主要由动力传动系统、进出料机构、搅拌机构、配水系统、操作系统及机架等组成。适合拌和细骨科和干硬性混凝土，是小型混凝土预制厂或建筑工地常用的一种机型。其适应骨料最大粒径为碎石40mm，卵石60mm。图4-3为JQ250型强制式混凝土搅拌机示意图。

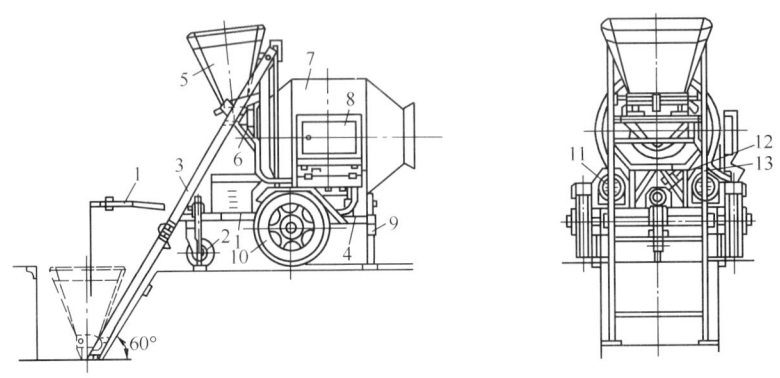

图 4-2 JZ350 型混凝土搅拌机示意
1—牵引架；2—前支轮；3—上料架；4—底盘；5—料斗；6—中间料斗；7—锥形搅拌筒；
8—电器箱；9—支腿；10—行走轮；11—搅拌动力和传动机构；12—供水系统；13—卷扬系统

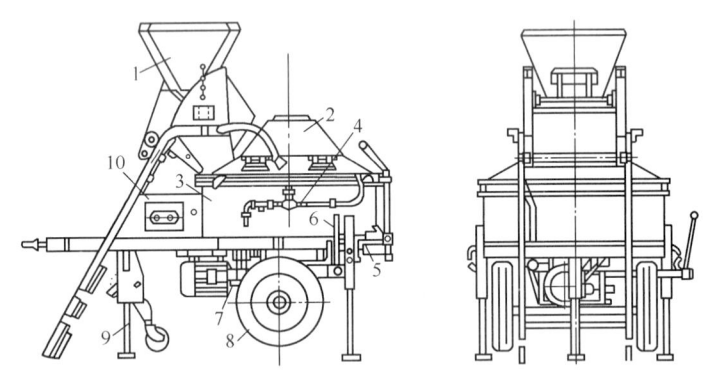

图 4-3 JQ250 型强制式混凝土搅拌机示意
1—进料斗；2—拌筒罩；3—搅拌筒；4—水表；5—出料口；
6—操作手柄；7—传动机构；8—行走轮；9—支腿；10—电器工具箱

4.1.4 混凝土搅拌机的安装就位和安全使用要点

1. 安装就位

混凝土搅拌机，应根据施工组织设计，按施工总平面图指定的位置，选择地面平整、坚实的地方就位。先以支腿支承整机，调整水平后，下垫枕木支承机重，不准用行走胶轮支承。使用时间较长的搅拌机，应将胶轮卸下保管，封闭好轴颈。安装自落式搅拌机时，进料口一侧应稍抬高 30~50mm，以适应上料时短时间内所引起的偏重。长时间使用搅拌机时，应搭设机棚，防止雨雪对机体的侵蚀，并有利于冬季施工。

2. 安全使用要点

（1）搅拌机在使用前应按照"十字作业"法（调整、紧固、润滑、清洁、防腐）的要求，来检查搅拌机各机构是否齐全、灵活可靠、运转正常，并按规定位置加注润滑油。各种搅拌机（除反转出料外）都为单向旋转进行搅拌，所以不得反转。

（2）搅拌机进入正常运转后，方准加料，必须使用配水系统准确加水。

（3）上料斗上升后，严禁料斗下方有人通过，更不得有人在料斗下方停留，以免制动机构失灵发生事故；如果需要在上料斗下方检修机器时，必须将上料斗固定（强制式和锥形反转出料式用木杠顶牢，鼓形用保险链环扣上），上料手柄在非工作时间也应用保险链扣住，不得随意扳动。上料斗在停机前必须放置到最低位置，绝对不允许悬于半空或以保险链扣在机架上梁，不得有任何隐患。

（4）机械在作业中，严禁各种砂石等物料落入运转部位。操作人员必须精力集中，不准离开岗位，上料配合比要准确，注意控制不同搅拌机的最佳搅拌时间。如遇中途停电或发生故障要立即停机、切断电源，将筒内的混合物清理干净。若需人员进入筒内维修，筒外必须有人看电闸监护。

（5）强制式混凝土搅拌机无振动机构，因而原材料易黏存在斗的内壁上，可通过操作机构使料斗反复冲撞限位挡板倾料。但要保证限位机构不被撞坏，不失其限位灵敏度。在卸料手柄甩动半径内，不准有人停留。卸料活门应保持开启轻快和封闭严密，如果发生磨损，其配合的松紧度，可通过卸料门板下部的螺栓进行调整。

（6）每班工作完毕后，必须将搅拌筒内外积灰、粘渣清理干净，搅拌筒内不准有清洗积水，以防搅拌筒和叶片生锈。清洗搅拌机的污水应引入渗井或集中处理，不准在机旁或建筑物附近任其自流。尤其在冬季，严防搅拌机筒内和地面积水甚至结冰，应有防冻、防滑、防火措施。

（7）操作人员下班前，必须切断搅拌机电源，锁好电闸箱，确保机械各操作机构处于零位。

4.2 混凝土搅拌车

4.2.1 混凝土搅拌运输车的特点和使用方式

混凝土搅拌运输车是在载重汽车底盘上装备一台混凝土搅拌机，也称为汽车式混凝土搅拌机。混凝土搅拌运输车是专门运输混凝土工厂生产的商品混凝土的配套设备。

1. 特点

混凝土搅拌运输车的特点：在运量大、运距远的情况下，能保持混凝土的质量均匀，不发生泌水、分层、离析和早凝现象，适用于机场、道路、水利工程、大型建筑工程施工，是发展商品混凝土必不可少的设备。图4-4为混凝土搅拌车。

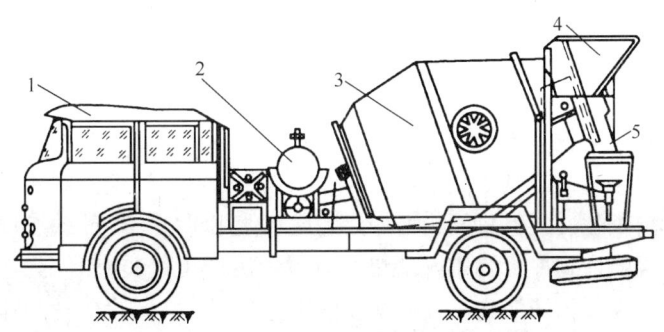

图 4-4 混凝土搅拌车

1—载重汽车；2—水箱；3—搅拌筒；4—装料斗；5—卸料机构

2. 使用方式

（1）当运送距离小于 10km 时，将拌好的混凝土装入搅拌筒内，在运送途中，搅拌筒不断地作低速旋转，这样，混凝土在筒内便不会产生分层、离析或早凝等现象，保证至工地卸出时混凝土拌合物均匀，这种方法实际上是把混凝土搅拌运输车作为混凝土的专用运输工具使用。

（2）当运送距离大于 10km 时，为了减少能耗和机械磨损，可将搅拌楼按配合比要求配好的混凝土干混料直接装入搅拌筒内，拌和用水注入水箱内，待车行至浇筑地点前 15~20min 行程时，开动搅拌机，将水箱中的水定量注入搅拌筒内进行拌合，即在途中边运输、边搅拌，到浇筑地点卸已拌好的混凝土。

4.2.2 混凝土搅拌运输车的基本组成

从图 4-4 中可以看到，混凝土搅拌运输车是由载重汽车、水箱、搅拌筒、装料斗、传动系统和卸料机构组成。

混凝土搅拌运输车搅拌筒旋转的动力源有两种形式：一种是搅拌筒旋转和汽车底盘共用一台发动机，即集中驱动。另一种是搅拌筒旋转单独设置一台发动机，即单独驱动。

单独驱动的优点是：搅拌筒工作状态不受汽车底盘负荷的影响，更能保证混凝土运输质量；同时底盘行驶性能也不受搅拌机的影响，有利于充分发挥底盘的牵引力。目前较大容量的混凝土搅拌运输车均采用单独驱动。

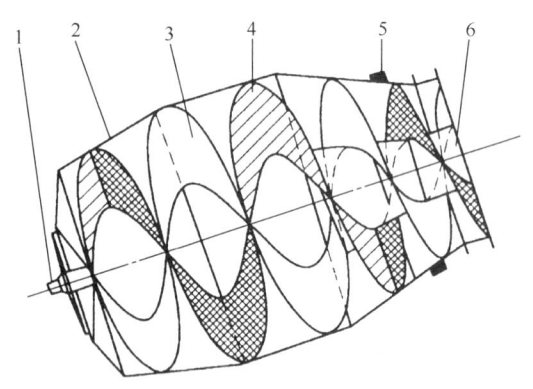

图 4-5 混凝土搅拌运输车的搅拌筒构造示意
1—中心轴；2—搅拌筒体；3、4—螺旋叶片；
5—环形滚道；6—进料导管

混凝土搅拌运输车搅拌筒传动形式有机械传动和液压-机械传动两种。由于液压-机械传动具有结构紧凑、操作方便、噪声小、平稳且能实现无级调速，所以大多数采用液压-机械传动形式。典型的液压-机械传动形式有：

变量泵——液压马达——减速器——链传动——搅拌筒

变量泵——液压马达——减速器——搅拌筒

混凝土搅拌运输车的搅拌筒为固定倾角斜置的反转出料梨形结构，安装在机架的滚轮及轴承座上，与水平方向的夹角为 18°~20°，其构造如图 4-5 所示。

当前，混凝土搅拌运输车已推出了带有振动子的新一代产品，带振动子的搅拌运输车与一般自落式搅拌运输车相比，其优点是：搅拌作用强烈，又可避免强制式搅拌机或多或少地引起骨料细化（骨料细化使骨料总面积增加，造成水泥用量增加）的缺点；这种搅拌运输车用高压喷嘴把水直接喷射到拌合物中，能更快有效地生产出优质混凝土；由于有振动装置，使卸料迅速干净，只需很少清洁水，并可回收使用拌合用水，减少能耗和叶片磨损。

带有振动子的混凝土搅拌运输车能有效地拌合钢纤维混凝土、泡沫混凝土和轻骨料混凝土等。图 4-6 为带振动子的混凝土搅拌运输车的上半部分示意图。

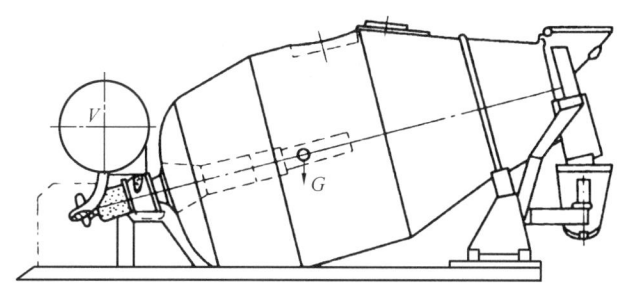

图 4-6 带振动子的混凝土搅拌运输车上半部分示意

4.3 混凝土泵和混凝土泵车

4.3.1 混凝土泵

混凝土泵是利用压力将混凝土拌合物沿管道连续输送到浇筑地点的设备，混凝土泵能同时完成水平运送和垂直运送，与混凝土搅拌运输车配合使用，实现了混凝土运输过程的完全机械化，大大提高了混凝土的运输效率和混凝土工程的进度和质量。

将混凝土泵和布料装置安装在载重汽车底盘上，形成混凝土泵车，具有机动性强、布料灵活等特点。混凝土泵与独立的布料装置配合使用，适用于工业与民用建筑的大体积混凝土施工，特别是大型高层建筑施工，已成为必不可少的主要设备。

混凝土泵按工作原理分为活塞式、挤压式和水压隔膜式。常用的为双缸液压往复活塞式混凝土泵，双缸液压往复活塞式混凝土泵配置两个混凝土缸，当一个缸为吸料行程时，另一个缸为推料行程，双缸往复运动，交替地工作，保证混凝土沿管道的输送连续平稳，排量大、生产率高，在建筑工程中得到广泛应用。

4.3.2 混凝土泵车

混凝土泵车是在拖式混凝土泵基础上发展起来的专用灌注混凝土的设备。混凝土泵车的应用，将混凝土输送和浇筑工序合二为一，同时完成混凝土的水平运输和垂直运输，不再需要起重设备和混凝土的中间转运，保证了混凝土的质量。

混凝土泵车和混凝土搅拌运输车配合使用，实现了混凝土运输过程的完全机械化，大大提高了运输效率和混凝土工程的进度。

图 4-7 为 BC85-21（IPF85B）型混凝土泵车的基本构造，其理论最大输送量为 85m³，布料高度为 20.7m。混凝土泵车由布料装置、混凝土泵、支腿装置和汽车底盘等组成。

混凝土泵装在经过改装的汽车底盘上，车上装有布料装置、臂架和输送混凝土的臂架软管等。臂架为 Z 形三节折叠臂，上臂架、中臂架和下臂架相互铰接，分别由驱动液压缸进行折叠或展开。臂架软管附着在各段臂架上，在臂架铰接处用密封可靠的回转接头连接。整个臂架安装在转台上，可作 360°全回转，臂端软管的托架也能转动。图 4-8 为 BC85-21（IPR5B）型混凝土泵车布料时的工作范围，其浇筑口可以达到这一空间范围的任意位置。

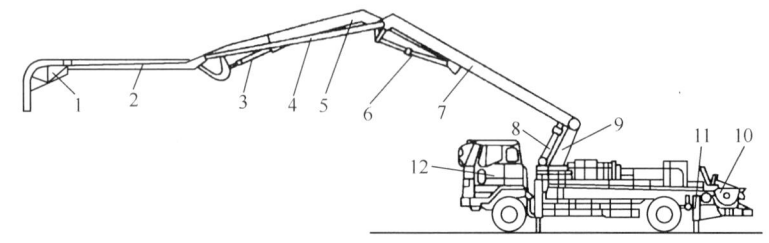

图 4-7　BC85-21（IPF85B）型混凝土泵车的基本构造示意

1—臂架软管；2—上臂架；3—上臂架液压缸；4—输送管；5—中臂架；6—中臂架液压缸；
7—下臂架；8—下臂架液压缸；9—回转装置；10—混凝土泵；11—支腿；12—汽车底盘

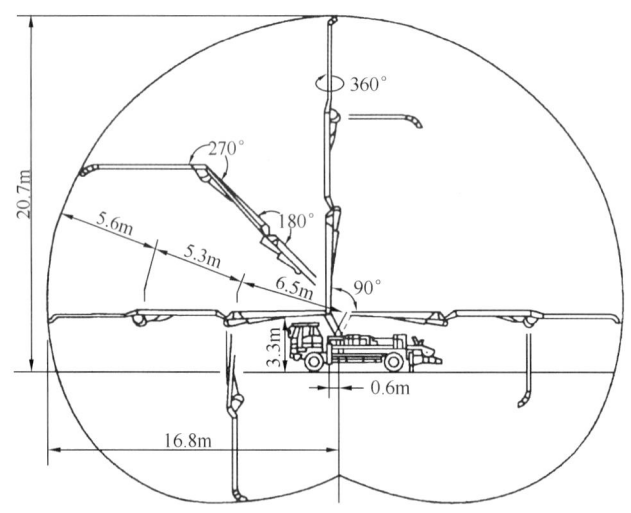

图 4-8　BC85-21（IPR5B）型混凝土
泵车布料时的工作范围示意

混凝土泵和混凝土泵车的主要技术参数包括理论最大输送值、泵送混凝土额定压力、水平输送距离和垂直输送距离等。BC85-21（IPR5B）型混凝土泵车泵送混凝土额定压力为 4.7MPa，当混凝土输送管径为 $\Phi 125mm$ 时，水平输送距离可达 110m，允许最大骨料尺寸为 40mm。

4.4　混凝土振动机械

通过动力传动，使振动装置产生一定频率的振动，并将这种频率的振动传递给混凝土机械称为混凝土振动机械。

浇入模板内的混凝土受到一定频率的振动时，混凝土料粒间的摩擦力和黏结力有所下降，于是料粒在自重力的作用下，自行填充料粒间的间隙，排出混凝土内部的空气，提高混凝土的密实度。经过振捣避免混凝土构件中形成气孔，并使构件表面光滑、平整，不致出现麻面和露筋；钢筋混凝土构件浇筑后，经过振捣可以显著地提高钢筋与混凝土的握裹力，保证和增强混凝土的强度。混凝土振动机械对混凝土的振捣作用，不仅保证了工程质量，而且对改善劳动条件、提高模板周转率、加快工程进度都有极为重要的意义。

4.4.1 混凝土振动机械的类型和选用

1. 按传递振动方式分类

根据传递振动方式，混凝土振动机械分为内部振动器、外部振动器、表面振动器和台式振动器。内部振动器是将振动部分（振捣棒）直接插入混凝土内部，多用于较厚的混凝土振捣，如大型建筑物基础、桥墩、柱、梁、灌注桩基础的现浇混凝土施工。外部振动器一般将其固定在现浇混凝土模板上，又称为附着式振动器，如图4-9所示。这种振动器常用于薄壳形构件、空心板梁、拱肋和T形梁等的施工。表面振动器是将振动器的振动部分的底板放在混凝土表面进行振捣，使之密实，又称为平板振动器。这种振动器多用于建筑物室内外地面、路面和桥面的施工。台式振动器即混凝土振动平台，这种振动器适用于混凝土构件预制厂生产梁柱、板等大型构件或同型大量混凝土构件的振捣。

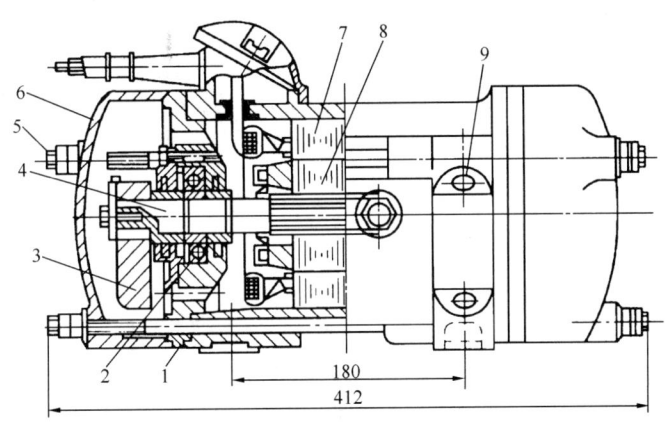

图4-9 附着式振动器
1—轴承管；2—轴承；3—偏心块；4—轴；5—螺栓；
6—端盖；7—定子；8—转子；9—地脚螺栓

2. 按振动频率的不同分类

根据振动频率的不同，混凝土振动机械分为低频振动器、中频振动器和高频振动器。低频振动器的振动频率在2000～5000次/min，中频振动器的振动频率在5000～8000次/min，高频振动器的振动频率在8000～21000次/min。

一般来说，低频振动器为外部或表面振动器，振动频率在2000～5000次/min；内部插入式振动器的振动频率在8000～21000次/min，适用于塑性和干硬性混凝土的振捣。

混凝土振动器主要参数包括振动力、振动频率和振幅，在一定条件下，频率越高，振幅越小；频率越低，振幅越大。在混凝土施工中，应根据混凝土的组成特性、施工条件的具体情况，选用合适的结构形式和合理的工作参数的振动器。当混凝土坍落度在30～60mm，骨料最大粒径在80～150mm时，可选用频率为6000～7000次/min、振幅为1～1.5mm的振动器；对于小骨料、干硬性混凝土，可选用频率为7000～9000次/min及其以上的振动器。

4.4.2 插入式混凝土振动器

插入式混凝土振动器是插入混凝土内部进行振捣的振动器,也称为振捣棒。这种振动器将振动直接传递给混凝土,振动效果较好。插入式振捣棒中振动子基本形式有偏心式和行星式两种。

1. 电动软轴偏心式振动器

图 4-10 为电动软轴偏心式振动器的构造示意图。主要由电动机、增速机构、传动软轴和振动机构四大部分组成。这种振动器的振动频率一般为 6000～7000 次/min。

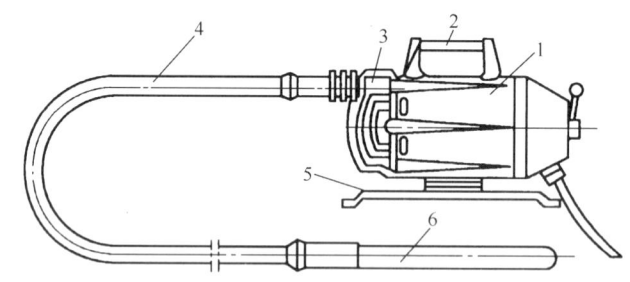

图 4-10 电动软轴偏心式振动器的构造示意
1—电动机;2—手柄;3—增速机构;4—传动软轴;5—回转底盘;6—振捣棒

电动软轴偏心式振动器一般配用二级交流异步电动机,转速为 2880r/min。为了提高振动棒内的偏心振动子的转速即振动频率,在电机输出轴及端盖内设有增速机构。增速机构由安装在电动机转子轴上的大齿轮和软轴端的小齿轮组成,传动比为 0.5,当电动机运转后,使软轴的转速比电动机转速快一倍,获得中频振动器的振动频率。

软轴由 4 层以上钢丝交错卷绕而成。软轴传动时的旋转方向应使最外层越来越紧,而将内层钢丝包紧,否则会使钢丝扰乱而使软轴损坏。因此,凡采用软轴传动的振动器,在电动机转子轴上必须设置单向离合器。单向离合器又称为防逆转装置,在构造上有胀轮式、套筒式和镶嵌式三种。胀轮式单向离合器的工作原理是当电动机按要求方向旋转时,由于胀轮滚道斜面及滚珠本身的惯性力作用,使衬环内壁和胀轮滚道夹紧滚珠面而形成整体,随即带动软轴旋转,振动器发生振动。当电动机因接线错误而反向运转时,可使衬环内壁和胀轮滚道之间产生推力而将滚珠推向斜槽的大端,使滚珠不再紧贴衬环内壁,这样,电动机无法带动传动软轴,使传动软轴受到保护。

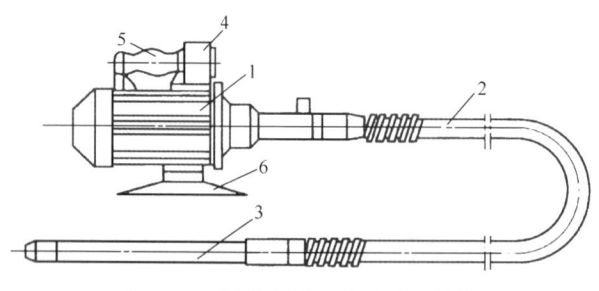

图 4-11 圆柱形偏心振动子的外形
1—电动机;2—传动软轴;3—振捣棒;
4—电路开关;5—提手柄;6—回转底盘

传动软轴外面的软管作为软轴的轴承,承受钢丝软轴的作用力,并有防污、防伤、润滑等功能。

振动棒是振动器的工作部分,棒壳由一段无缝钢管制成,圆柱形偏心振动子及两端滚动轴承安装在棒壳内。振动棒末端通过细牙螺纹连接有顶盖,另一端以特制接头与传动软轴相连接。圆柱形偏心振动子的外形如图 4-11 所示。

2. 电动软轴行星式振动器

电动软轴偏心式振动器的缺点是振动子的振动力直接作用在两端的轴承上，因而两端的滚动轴承容易发热和磨损；为了提高偏心振动子的振动频率，还需设置齿轮增速机构，使整个机器趋于复杂；再者，电动软轴偏心式振动器的振动频率和对混凝土的捣固效率偏低，所以这种振动器已逐渐被电动软轴行星式振动器取代。

电动软轴行星式振动器是一种高频振动器，它的特点是在不提高软轴转速即无增速机构的情况下，利用振动子的行星运动，来获得较高的振动频率。对于塑性、半塑性、半干硬性以及干硬性混凝土，都可以取得很好的振动效果。

电动软轴行星式振动器的振动子在传动软轴的带动下自转的同时还沿滚道发生公转，因此，振动棒产生的振动频率是一个复振频率，可高达 10000～19000 次/min。振动子的公转从构造上分为外滚动式和内滚动式两种，图 4-12 为内滚动式行星棒的构造图。行星式振动棒内的滚动轴承不直接承受和传递振动力，所以不易发热和磨损，使用寿命比偏心式振动棒长。

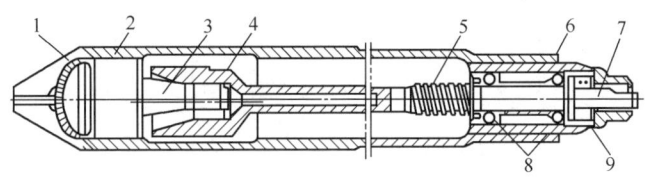

图 4-12　内滚动式行星棒的构造图
1—端壳；2—棒壳；3—轨座销轴（滚道）；4—振动子；5—弹簧球铰；
6—轴承座套；7—中间轴；8—滚动轴承；9—密封法兰

4.4.3　插入式混凝土振动器的安全使用要点

1. 在接通电源前应检查电动机接线是否正确，导线外皮是否有破损和漏电现象，振动棒连接是否牢固和有无破损，外壳接地保护是否可靠。

2. 在使用前应进行试运转，电动机运转方向应与机壳上的箭头方向一致（从风罩端看），当电动机起动后，如软轴不转或转速不稳定，单向离合器中发生响声，说明电动机旋转方向反了，应立即切断电源，将三相进线中的任意两相交换位置。

3. 电动机运转正常时振动棒应发出"鸣"的声音，振动稳定有力，如果振动棒有"哗哗"声而不转动时，可将棒头摇晃几下或将振动棒尖头对地面轻轻磕 1～2 下，待振动棒振动正常后方可插入混凝土中振动。

4. 应将振动棒自然地向下沉入混凝土中，不得用力硬推或斜插。操作时两手握住橡胶软管，相距为 400～500mm 为宜，软轴的弯曲半径不应小于 500mm，急剧的弯折会使软轴、软管受到损伤。

5. 振动棒沉入深度一般控制在 350～400mm，不得将软轴插入混凝土中，以防砂浆侵蚀软管或漏入软管内损坏机件。在工作中，不能将振动棒放在铁板或支架上，更不准碰撞结构主筋或硬物，以防模板、钢筋发生走动、移位和变形，致使混凝土产生裂缝或蜂窝。

6. 振动棒工作时间不宜过长，更不准长时间空振，一般每工作 30 分钟，应停歇几分钟，待振动棒降温后再使用。

7. 不可将软轴和振动棒拖在地上行走，应将软轴搭在肩上，一手提电机，另一手拿住振动棒行走。振动器用完后，应清理各部分表面，振动器清理完毕后放在干燥处妥善保管。

4.5 滑模和升板机械

滑模施工一般用于整体浇筑混凝土结构，它是按照建筑结构平面成一定高度的模板装配系统，利用提升设备不断向上提升，同时浇筑混凝土，连续浇筑成混凝土墙。滑升模板施工是现浇混凝土工程中机械化程度较高的工艺之一。图 4-13 为滑升模板装置示意图。

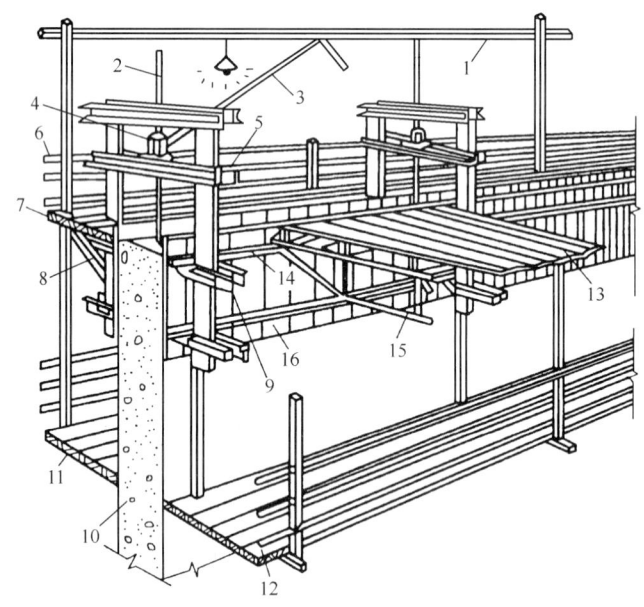

图 4-13 滑升模板装置示意
1—支架；2—支撑杆；3—油管；4—千斤顶；5—提升架；6—栏杆；7—外平台；
8—外挑梁；9—收分装置；10—混凝土墙；11—外吊平台；12—内吊平台；
13—内平台；14—上围圈；15—桁架；16—模板

升板施工是多层钢筋混凝土无梁楼盖的一种新施工方法。它的基本施工过程是在建筑物的基础施工完毕后，将柱子立起并校准，平整室内地面，浇筑地面并将地面作为胎模，就地重叠浇筑各层楼板和屋面板。待混凝土达到设计强度后，借助于安装在柱子上的提升设备，将楼板层提升到设计要求的高度和位置，并加以固定。近年来，升板施工在多层仓库、商场、教学大楼、医院、多层轻工业厂房、高层住宅和旅馆等应用较多。

4.5.1 滑升模板系统的装置与设备

滑升模板系统主要是由模板系统、操作平台系统和提升系统三大部分组成。

1. 模板系统

模板系统包括模板、围圈和提升架等。模板的作用是确保混凝土按设计要求的结构形体尺寸准确成形,并承受新浇筑混凝土的侧压力、冲击力和在滑升时混凝土对模板产生的摩擦阻力;模板以钢模板为多,也有钢、木混合材料制成的模板。钢模板的宽度为300~500mm,厚度为2~3mm,高度为1.0~1.4m。模板支承在围圈上。

围圈的作用是固定模板的位置,保证模板所构成的几何形状不变,承受模板传来的水平力和垂直力。围圈把模板和提升架联系在一起,构成模板系统,当提升架提升时,通过围圈带动模板,使模板随之向上滑升。

提升架又称千斤顶架或门架,其作用是固定围圈的位置,防止模板侧向变形;承受作用于整个模板上的竖向荷载;将模板系统和操作平台全部荷载传给千斤顶相支撑杆。图4-14为钢提升架示意图。

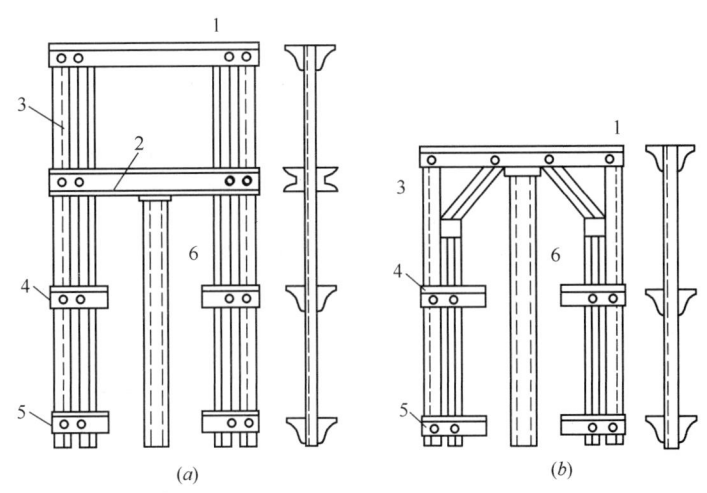

图 4-14 钢提升架示意
(a)两横梁;(b)单横梁
1—上横梁;2—下横梁;3—立柱;4—上围圈支托;5—下围圈支托;6—套管

提升架由立柱、横梁、上、下围圈支托和支撑操作平台的支托及套管等部件组成。套管的作用是使支撑杆能回收再使用。套管内径一般比支撑杆直径大2~5mm,使支撑杆与周围混凝土不相黏结,待施工完毕后,可将支撑杆拔出。

2. 操作平台系统

操作平台又称工作平台,主要包括主操作平台、外挑操作平台、吊脚手架等。若施工需要时还需要设置上辅助平台。操作平台系统如图4-15所示。它是供材料、工具、设备堆放和施工人员进行操作的场所,其承载力大,要求具有足够的强度和刚度。

3. 提升系统

提升系统是使全部滑升模板装备及施工荷载向上滑升的动力装置,由支撑杆、千斤顶、液压控制系统和油路等组成,由电动机带动油泵,将油液通过换向阀、分油器、截止阀及管路输送到各台千斤顶。在不断供油、回油的过程中,使千斤顶活塞不断地压缩、复位,将全部滑升模板装置向上提升到需要的高度。

施工时液压千斤顶安装在提升架的横梁上,支撑杆插入千斤顶的中心孔内。如图4-16和图4-18所示,提升时,液压油从千斤顶的进油口进入活塞和缸盖之间,由于与活塞连成一体的上卡头内的小钢珠与支撑杆产生自锁作用,使上卡头与支撑杆紧锁,因此活塞不

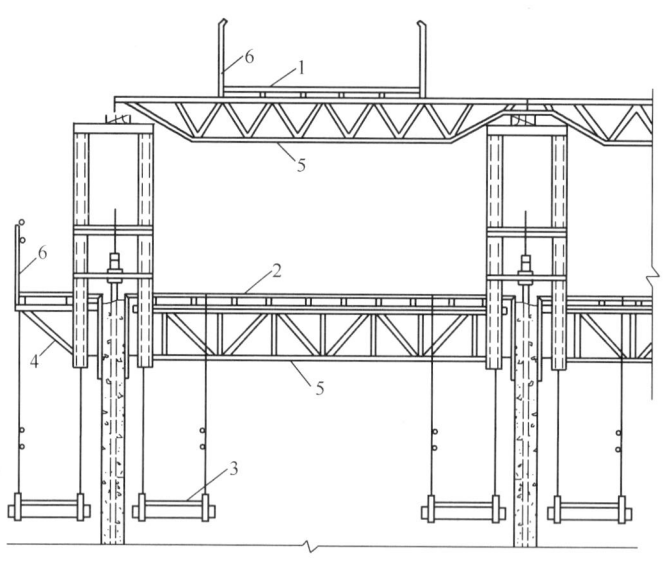

图 4-15 操作平台系统示意
1—上辅助平台；2—主操作平台；3—吊脚手架；4—三角挑梁；
5—承重桁架；6—防护栏杆

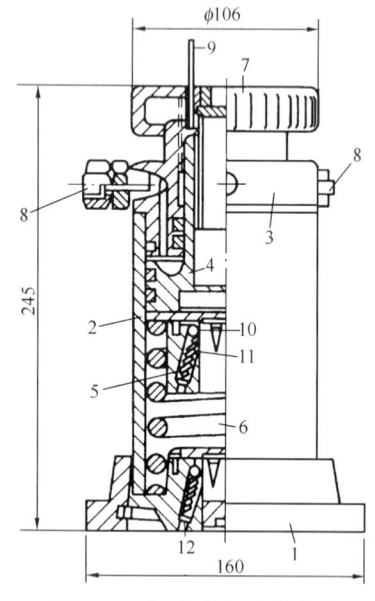

图 4-16 钢珠式液压千斤顶
1—底座；2—缸筒；3—缸盖；4—活塞；
5—上卡头；6—排油弹簧；7—行程调整帽；
8—油嘴；9—行程指示杆；10—钢珠；
11—卡头小弹簧；12—下卡头

千斤顶简图）。

能下行。于是在液压油不断进入活塞和缸盖之间时，缸筒连带底座和下卡头便被向上顶起，相应带动提升架和整个滑升模板上升。如图 4-18（a）所示。当上升到下卡头紧靠上卡头时，即完成一个工作行程。这时排油弹簧处于压缩状态，上、下卡头承受着滑升模板的荷载。如图 4-18（b）所示。当油泵停止供油时，在排油弹簧的弹力作用下，把活塞推举向上，液压油从排油口排出。在排油开始瞬间，与缸筒和底座连成一体的下卡头由于小钢珠和支撑杆的自锁作用，与支撑杆锁紧，使缸筒和底座不能下降。当活塞上升到上止点后，排油工作亦即完毕，这时千斤顶便完成了一次上升的工作循环，如图 4-18（c）所示。一个工作循环千斤顶只上升一次，行程约 30mm，排油时千斤顶既不上升，也不下降。通过不断地排油、进油，重复工作循环，上、下卡头先后交替地锁紧支撑杆并不断向上爬升，模板也就被带着不断向上爬升。

支撑杆又称爬杆，是千斤顶向上爬升的轨道，又是滑升模板装置的承重支柱，承受着施工过程中的全部载荷。支撑杆一般采用直径为 25mm 的 Q235A 圆钢筋。当采用楔块式千斤顶时也可用螺纹钢筋（图 4-17 为楔块式

4 混凝土机械

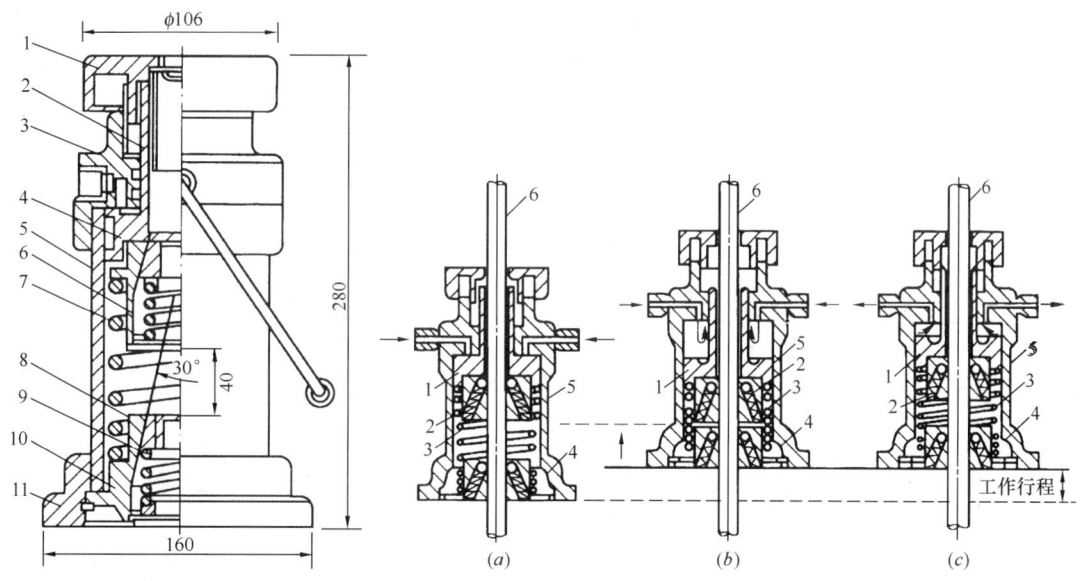

图 4-17 楔块式液压千斤顶
1—行程调整帽；2—活塞；3—缸盖；
4—上卡头块；5—缸筒；6—上卡块座；
7—排油弹簧；8—下卡头块；9—弹簧；
10—下卡块座；11—底座

图 4-18 液压千斤顶工作原理
(a) 整体上升；(b) 排油弹簧处于压缩状态；
(c) 排油结束，完成一次上升工作
1—活塞；2—上卡头；3—排油弹簧；
4—下卡头；5—缸筒；6—支撑杆

4.5.2 升板施工的提升装置

升板提升装置是升板法施工的提升设备，主要有液压式和电动机械传动式两种类型。液压式具有传动平稳、机械效率高等优点。

1. 普通液压千斤顶提升装置

图 4-19 所示的是普通液压千斤顶提升装置。它是由液压千斤顶、上横梁、下横梁、螺杆、吊杆、套筒接头等组成。工作时，吊杆下端套在楼板上的钥匙形预留孔内。楼板在提升前拧紧上螺母使楼板悬挂在上横梁上，当千斤顶活塞上升时，上横梁向上运动，此时螺杆、吊杆和钢筋混凝土楼层板也随之上升；当千斤顶完成一个行程后，则拧紧下螺母，使楼层板悬吊在下横梁上；随后千斤顶回油，上横梁即下降，再拧紧上螺母。从头开始反复循环上述工序，楼层板升到一定高度后，将预先准备好的钢销插入柱子上的承重销孔内，把楼层板托住。这时可对螺杆下落和吊杆的长度进行调整，然后继续提升楼层板，直至设计标高。

2. 自动液压千斤顶提升装置

自动液压千斤顶提升装置又称自动液压升板机或提升机，如图 4-20 所示。它由活塞、液压缸、上横梁、下横梁、上下液压马达、提升螺杆、上下齿轮螺母、回位弹簧和吊杆等组成。

将各柱顶找平后，把调整好的液压提升机安装在柱顶上，将楼层板挂在提升机吊杆的下端，并检查提升螺杆与吊杆的套筒接头连接情况。提升时，开动油泵，高压油从操纵阀分两路，一路进入下液压马达，驱动下齿轮螺母；另一路进入提升机液压缸，使活塞推动

121

上横梁上升，同时带动上齿轮螺母，提升螺杆和吊杆，使楼板随之上升。此时由于下液压马达仍在不停地转动着下齿轮螺母，使它始终紧靠下横梁。当活塞上升一个冲程后，操纵阀门停止上升。此时回位弹簧被压缩。

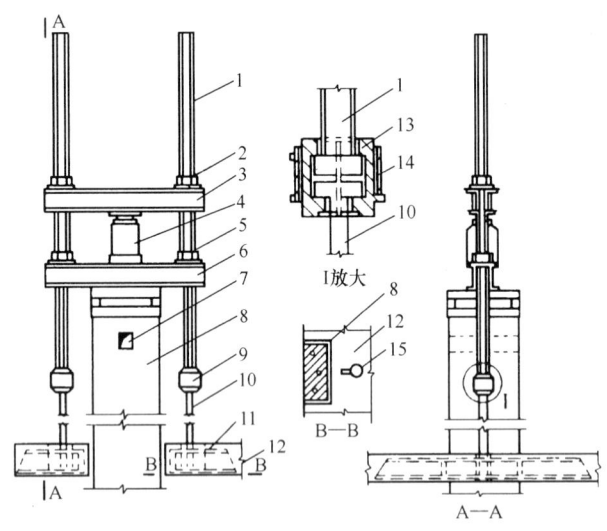

图4-19　普通液压千斤顶提升装置
1—螺杆；2—上螺母；3—上横梁；4—液压千斤顶；
5—下螺母；6—下横梁；7—承重销孔；8—钢筋混
凝土；9—套筒接头；10—吊杆；11—提升环；
12—钢筋混凝土楼板；13—铸铁接头；14—套筒；
15—提升预留孔

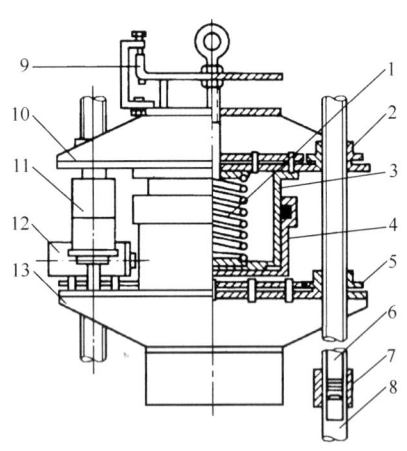

图4-20　自动液压千斤顶提升装置
1—回位弹簧；2—上齿轮螺母；3—活塞；
4—液压缸；5—下齿轮螺母；6—提升螺杆；
7—套筒接头；8—吊杆；9—限位器；
10—上横梁；11—上下液压马达；12—自动
调角机；13—下横梁

回油时，在回位弹簧力作用下，活塞被压下，楼层板全部荷载作用在下横梁上。同理，上齿轮螺母开始与上横梁脱开，而上液压马达驱动上齿轮螺母紧贴上横梁，等活塞回到原位后，即完成了一个行程的提升。为控制楼层板达到同步提升，在每套提升机上都装有升高限位器和自动调角机，能够准确地知道各柱顶提升装置的同步情况。自动液压提升机操作简单，提升能力为50～70t，自动化程度和生产效率都较高。

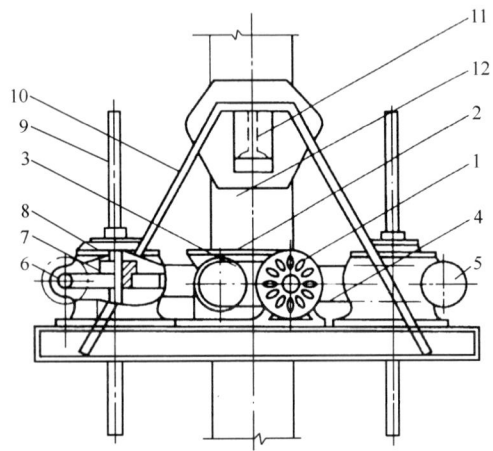

图4-21　机械传动式升板机构造示意
1—电动机；2—变速箱；3、5—链轮；4—链条；
6—螺杆；7—涡轮；8—螺母；9—起重螺杆；
10—吊环；11—承重销；12—柱

3. 自升式电动螺旋千斤顶提升装置

自升式电动螺旋千斤顶提升装置属于机械传动式升板机，其构造如图4-21所示。由电动机通过变速箱及链传动带动蜗杆转动，再带动蜗轮及装在蜗轮内的螺母转动，迫使起升螺杆上升或下降。螺杆的底端通过连接器与吊杆相连，吊杆与被提升的板相连接。

5　木工机械

本章要点：常用的锯割机械的构造组成、基本操作要求和安全使用要点，刨削机械的构造、安全防护装置、操作要求和安全使用要点以及几种常用的轻便机械的构造和安全使用等。

5.1 锯 割 机 械

锯割机械是用来纵向或横向锯割原木或方木的加工机械,一般常用的有带锯机、吊截锯机、手推电锯或圆锯机(圆盘锯)等。这里主要介绍圆锯机的使用与维修。

圆锯机主要用于纵向锯割木材,也可配合带锯机锯割板方材,是建筑工地或小型构件厂应用较广的一种木工机械。

5.1.1 圆锯机的构造

圆锯机由机架、台面、电动机、锯比、防护罩等组成,如图5-1所示。

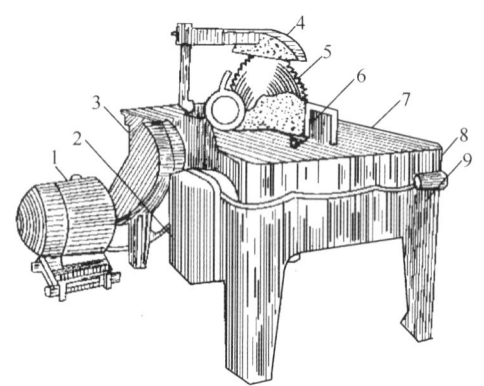

图5-1 手动进料圆锯机
1—电动机;2—开关盒;3—皮带罩;4—防护罩;5—锯片;6—锯比;
7—台面;8—机架;9—双联按钮

5.1.2 圆锯片

圆锯机所用的圆锯片的两面是平直的,锯齿经过拨料,用来作纵向锯割或横向截断板、方材及原木,是广泛采用的一种锯片。

锯片的规格一般以锯片的直径、中心孔直径或锯片的厚度为基数。

5.1.3 圆锯片的齿形与拨料

圆锯片锯齿形状与锯割木材的软硬、进料速度、光洁度及纵割或横割等有密切关系。常用的几种齿形或齿形角度、齿高及齿距等有关数据见表5-1。锯齿的拨料是将相邻各齿的上部互相向左右拨弯,如图5-2所示。

齿高及齿距　　　　　　表5-1

锯片名称	类型	简　图	用途	特征
圆锯片齿形	纵割锯		主要用于纵向锯割,亦用于横割	以纵割为主,但亦可横割,齿形应用较广泛

续表

锯片名称	类型	简图	用途	特征
圆锯片齿形	横割锯		用于横向锯割	锯割时速度较纵向慢，但较光洁

圆锯片齿形角度	锯割方法	齿形角度			齿高 h	齿距 t	槽底圆弧半径 r
		α	β	γ			
	纵割	30°～35°	35°～45°	15°～20°	(0.5～0.7)t	(8～14)s	0.2t
	横割	35°～45°	45°～55°	5°～10°	(0.9～1.2)t	(7～10)s	0.2t

注：表中 s 为锯片厚度。

正确拨料的基本要求如下：

（1）所有锯齿的每边拨料量都应相等。

（2）锯齿的弯折处不可在齿的根部，而应在齿高的一半以上处，厚锯约为齿高的1/3，薄锯为齿高的1/4。弯折线应向锯齿的前面稍微倾斜，所有锯齿的弯折线锯齿尖的距离都应相等。

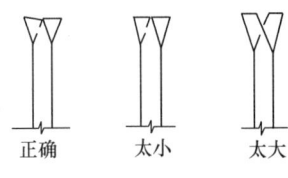

图 5-2 锯齿的拨料

（3）拨料大小应与工作条件相适应，每一边的拨料量一般为 0.2～0.8mm，约等于锯片厚度的 1.4～1.9 倍，最大不应超过 2 倍。软料与湿材取较大值，硬料与干材取较小值。

（4）锯齿拨料一般采用机械和手工两种方法，目前多以手工拨料为主，即用拨料器或锤打的方法进行。

5.1.4 圆锯机的操作要求

1. 操作前应检查锯片有无断齿或裂纹现象，然后安装锯片，并装好防护罩和安全装置。

2. 安装锯片应与主轴同心其内孔与轴的间隙不应大于 0.15～0.2mm，否则会产生离心惯性力，使锯片在旋转中摆动。

3. 法兰盘的夹紧面必须平整，要严格垂直于主轴的旋转中心，同时保持锯片安装牢固。

4. 先检查被锯割的木材表面或裂缝中是否有钉子或石子等坚硬物，以免损伤锯齿，甚至发生伤人事故。

5. 操作时应站在锯片稍左的位置，不应与锯片站在同一直线上，以免木料弹出伤人。

6. 送料不要用力过猛，木料应端平，不要摆动或抬高、压低。

7. 锯到木节处要放慢速度，并应注意防止木节弹出伤人。

8. 纵向破料时，木料要紧靠锯比，不得偏歪；横向截料时，要对准锯料线，端头要锯平齐。

9. 木料锯到尽头，不得用手推按，以防锯伤手指。如果两人操作，下手应待木料出锯台后，方可接位。

10. 木料卡住锯片时应立即停车，再做处理。

11. 锯短料时，必须用推杆送料，以确保安全。

12. 锯台上的碎屑、锯末，应用木棒或其他工具待停机后清理。

13. 锯割作业完成后要及时关闭电门，拔去插头，切断电源，确保安全。

5.1.5 圆锯机使用安全要点

1. 锯片上方必须安装保险挡板和滴水装置，在锯片后面，离齿 10～15mm 处，必须安装弧形楔刀。锯片的安装，应保持与轴同心。

2. 锯片必须锯齿尖锐，不得连续缺齿两个，裂纹长度不得超过 20mm，裂纹末端应冲止裂孔。

3. 被锯木料厚度，以锯片能露出木料 10～20mm 为限，夹持锯片的法兰盘的直径应为锯片直径的 1/4。

4. 起动后，待运转正常后方可进行锯料。送料时不得将木料左右摇摆或高抬，遇木节要缓缓送料。锯料长度应不小于 500mm，接近端头时，应用推棍送料。

5. 操作人员不得站在面对锯片旋转的离心力方向操作，手不得跨越锯片。

6. 如锯片走偏，应逐渐纠正，不得猛扳，以免损坏锯片。

7. 锯片温度过高时，应用水冷却，直径 600mm 以上的锯片，在操作中应喷水冷却。

5.2 刨 削 机 械

刨削机械主要有压刨机、平刨机和四面刨床等，这里主要介绍平刨机。

平刨机主要用途是刨削厚度不同的木料表面。平刨经过调整导板，更换刀具，加设模具后，也可用于刨削斜面和曲面，是施工现场用得比较广的一种刨削机械。

5.2.1 平刨机的构造

平刨又名手压刨，它主要由机座、前后台面、刀轴、导板、台面升降机构、防护罩、电动机等组成，如图 5-3 所示。

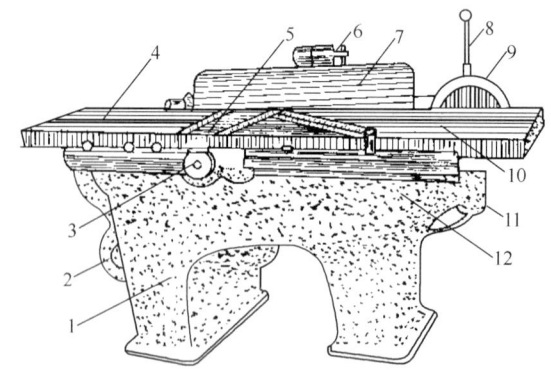

图 5-3 平刨机
1—机座；2—电动机；3—刀轴轴承座；4—工作台面；5—扇形防护罩；
6—导板支架；7—导板；8—前台面调整手柄；9—刻度盘；
10—工作台面；11—电钮；12—偏心轴架护罩

5.2.2 平刨机安全防护装置

平刨机是用手推工件前进，为了防止操作中伤手，必须装有安全防护装置，确保操作安全。

平刨机的安全防护装置常用的有扇形罩、双护罩、护指键等，如图5-4所示。

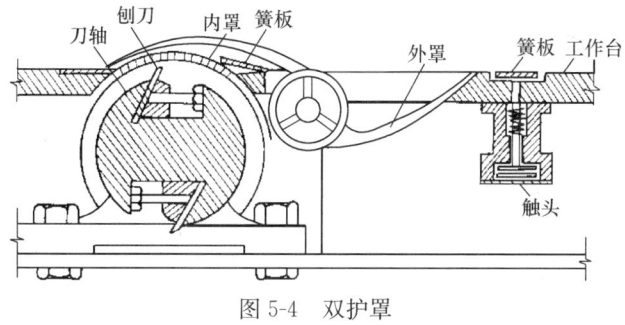

图 5-4　双护罩

5.2.3　刨刀

刨刀有两种：一是有孔槽的厚刨刀；一是无孔槽的薄刨刀。厚刨刀用于方刀轴及带弓形盖的圆刀轴；薄刨刀用于带楔形压条的圆刀轴。常用刨刀尺寸：长度200～600mm；厚刨刀厚度7～9mm；薄刨刀厚度3～4mm。

刨刀变钝一般使用砂轮磨刀机修磨。刨刀的磨修要求达到刨削锋利、角度正确、刃口成直线等。刃口角度：刨软木为35°～37°，刨硬木为37°～40°。斜度允许误差为0.02%。修磨时在刨刀的全长上，压力应均匀一致，不宜过重，每次行程磨去的厚度不宜超过0.015mm，刀口形成时适当减慢速度。磨修时要防止刨刀过热退火，无冷却装置的应用冷水浇注退热。操作人员应站在砂轮旋转方向的侧边，以防止砂轮万一破碎，飞出伤人。

为保证刨削木料的质量，需要精确地调整刀刃装置，使各刀刃离转动中心的距离一致。刀刃的位置，一般用平直的木条来检验，将刨刀装在刀轴上后，用木条的纵向放在后台面上伸出刨口，木条端头与刀轴的垂直中心线相交，然后转动刀轴，沿刨刀全长取两头及中间做三点检验，看其伸出量是否一致。

5.2.4　平刨的操作

1. 操作前，应全面检查机械各部件及安全装置是否有松动或失灵现象，如有问题，应修理后使用。

2. 检查刨刃锋利程度，调整刨刃吃刀深度，经试车1～3min后，没有问题才能正式操作。

3. 吃刀深度一般调为1～2mm。

4. 操作时，人要站在工作台的左侧中间，左脚在前，右脚在后，左手压住木料，右手均匀推送，如图5-5所示。当右手离刨口150mm时即应脱离料面，靠左手用推棒推送。

5. 刨削时，先刨大面，后刨小面；木料退回时，不要使木料碰到刨刃。

6. 遇到疖子、戗槎、纹理不顺，推送速度要慢，必须思想集中。

7. 刨削较短、较薄的木料时，应用推棍、推板推送，如图5-6所示。长度不足400mm或薄且窄的小料，不要在平刨上刨削，以免发生伤手事故。

8. 两人同时操作时，要互相配合，木料过刨刃300mm后，下手方可接拉。

9. 操作人员衣袖要扎紧，不得戴手套。

10. 平刨机发生故障，应切断电源仔细检查及时处理，要做到勤检查、勤保养、勤维修。

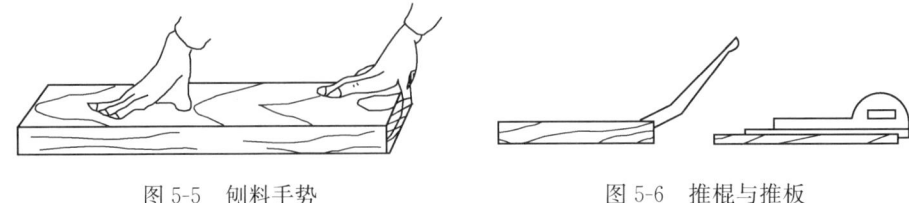

图 5-5　刨料手势　　　　　　　图 5-6　推棍与推板

5.2.5　安全使用要点

1. 作业前，检查安装防护装置必须安全有效。

2. 刨料时，手应按在木料的上面，手指必须离开刨口 50mm 以上。严禁用手在木料后端送料跨越刨口进行刨削。

3. 被刨木料的厚度小于 30mm，长度小于 400mm 时，应用压板或压棍推进。厚度在 15mm，长度小于 250mm 的木料，不得在平刨机上加工。

4. 被刨木料如有破裂或硬节等缺陷时，必须处理后再刨削。刨旧料前，必须将料上的钉子、杂物清除干净。遇疖子、瘤疤要缓慢送料。严禁将手按压节疤上送料。

5. 刀片和刀片螺丝的厚度、重量必须一致。刀架夹板必须平整贴紧，合金刀片焊缝的高度不得超出刀头，刀片紧固螺丝硬嵌入刀片槽内。槽端离刀背不得小于 10mm。紧固刀片螺丝时，用力要均匀一致，不得过松和过紧。

6. 机械运转时，不得将手伸进安全挡板里侧去移动挡板或拆除安全挡板进行刨削。严禁戴手套操作。

5.3　轻　便　机　械

轻便机具用以代替手工工具，用电或压缩空气作动力，可以减轻劳动强度，加快施工进度，保证工程质量。轻便机具总的特点是：重量轻、大部分机具单手自由操作；体积小，便于携带与灵活运用；工效快，与手工工具相比，具有明显的优势。常用的有：手提锯、手电刨、钻、电动起子机、电动砂光机等。

5.3.1　手提锯

1. 曲线锯又称反复锯，分水平和垂直曲线锯两种，如图 5-7 所示。

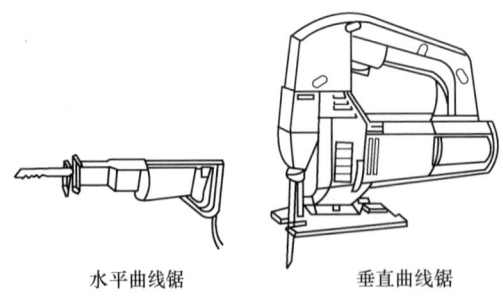

水平曲线锯　　　垂直曲线锯

图 5-7　电动曲线锯

对不同的材料，应选用不同的锯条，中、粗齿锯条适用于锯割木材；中齿锯条适用于锯割有色金属板、压层板；细齿锯条适用于锯割钢板。

曲线锯可以作中心切割（如开孔）、直线切割、圆形或弧形切割。为了切割准确，要始终保持和体底面与工件成直角。

操作中不能强制推动锯条前进，不要弯

折锯片，使用中不要覆盖排气孔，不要在开动中更换零件、润滑或调节速度等。操作时人体与锯条要保持一定的距离，运动部件未完全停下时不要把机体放倒。

对曲线锯要注意经常维护保养，要使用与金属铭牌上相同的电压。

2. 电动圆锯如图5-8所示。

电锯的锯片有圆形的钢锯片和砂轮锯片两种。钢锯片多用于锯割木材，砂轮锯片用于锯割铝、铝合金、钢铁等。

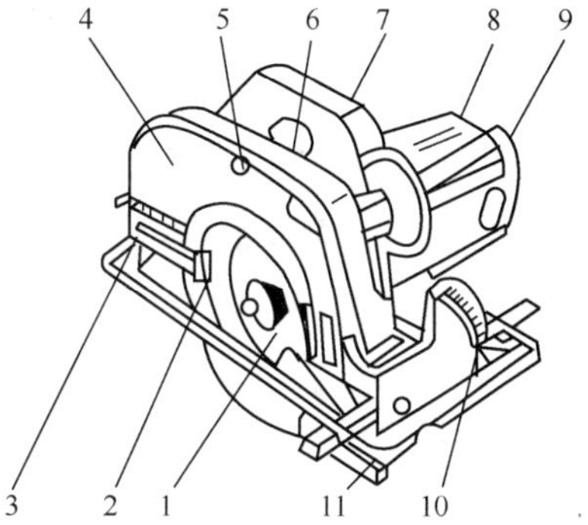

3. 手提电锯安全使用规定

（1）操作时要将电锯扶牢，不让其摆动，掌握好角度。

（2）使用前应检查各部件是否完好无损，电线是否完好。接地线连接要牢固，开关灵敏有效。

（3）操作时必须站在绝缘垫上，并试验无问题后方可使用。

（4）发现电锯有异常声响或故障时，应立即停止使用，进行修理或更换。

（5）工作人员要定期进行绝缘摇测。

（6）用手锯进行工作时，推进速度要缓慢。

（7）锯片转动方向应正确。

（8）锯木材时要将铁件去掉，石灰铲掉。

（9）锯大件物品时要有人扶持。

（10）长时间不用或暂时不用时，应断开电源，盖好防护罩。

图5-8 手提式木工电动圆锯
1—锯片；2—安全护罩；3—底架；4—上罩壳；5—锯切深度调整装置；6—开关；7—接线盒手柄；8—电机罩壳；9—操作手柄；10—锯切角度调整装置；11—靠山

5.3.2 手电刨

手提式木工电动刨如图5-9所示。手电刨多用于木装修，专门刨削木材表面。

使用方法及注意事项：

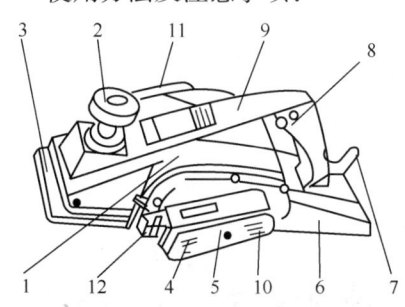

图5-9 手提式木工电动刨
1—罩壳；2—调节螺母；3—前座板；4—主轴；5—皮带罩壳；6—后座板；7—接线头；8—开关；9—手柄；10—电机轴；11—木屑出口；12—碳刷

（1）两刨刀必须同时装上并且位置准确，刃口必须与底板成同一平面，伸出高度一致。

（2）刨削毛糙的表面，顺时针转动机头调节螺母，先取用较大的刨削深度，并用较慢的推进速度，刨出平整面后，再用较小的刨削深度，即逆时针转动调节螺母，并用适当的速度均匀地刨削。

（3）刨刀的刀刃必须锐利。

（4）电刨必须经常保持清洁，使用完毕后应进行清理。

（5）使用时要戴绝缘手套，以防触电。

5.3.3 钻

手提式电钻基本上分为两种：一种是微型电钻；另一种是电动冲击钻，如图 5-10、图 5-11 所示。

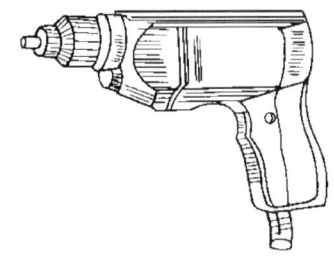
图 5-10　微型电钻

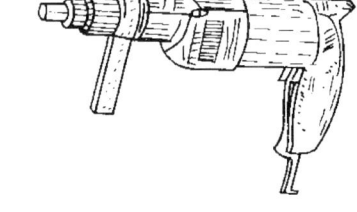
图 5-11　电动冲击钻

手提式电钻是开孔、钻孔、固定的理想工具。

微型电钻适用于金属、塑料、木材等钻孔，电子型号不同，钻孔的最大直径为 13mm。

电动冲击钻适用于金属、塑料、木材、混凝土、砖墙等钻孔，最大直径可达 22mm。

电动冲击钻是可以调节并旋转带冲击的特种电钻。当把旋钮调到旋转位置，装上钻头，像普通电钻一样，可以对部件进行钻孔。如果把旋钮调到冲击位置，装上合金冲击钻头，可以对混凝土砖墙进行钻孔。

操作时先接上电源，双手端正机体，将钻头对准钻孔中心，打开开关，双手加压，以增加钻入速度。操作时要戴好绝缘手套，防止电钻漏电发生触电事故。

5.3.4 电动起子机

电动起子机具有正反转按钮，主要作用是紧固木螺丝和螺母。如图 5-12 所示。

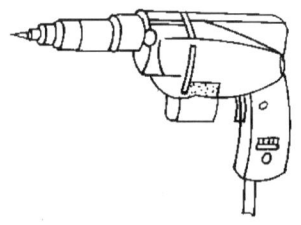
图 5-12　电动起子机

5.3.5 电动砂光机

电动砂光机的主要作用是将工件表面磨光。操作时，拿起砂光机（图 5-13）离开工件并启动电机，当电机达到最大转速时，以稍微向前的动作把砂光机放在工件上，先让主动滚轴接触工件，向前一动后，就让平板部分充分接触工件。砂光机平行于木材的纹理来回移动，前后轨迹稍微搭接。不要给机具施加压力或停留在一个地方，以免造成凹凸不平。

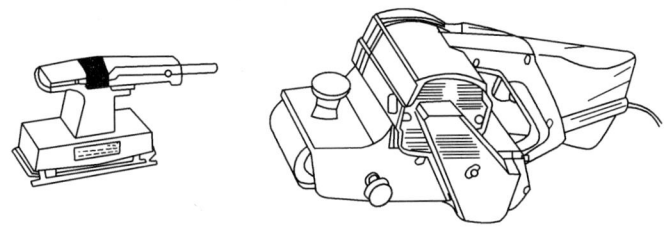

图 5-13 砂光机

为达到木制品表面磨光要求,可用粗砂先做快磨,用细砂磨最后一遍。安装和调换砂带时,一定要切断电源。

5.3.6 应注意的安全事项

1. 操作人员必须戴绝缘手套、穿绝缘鞋或站在绝缘垫上。

2. 刀具应刃磨锋利、完好无损、安装正确、牢固。机具上传动部分不许有防护罩,作业时不得随意拆卸。

3. 启动后,空载运转并检查工具联动应灵活无阻,操作时加力要平稳,不得用力过猛;不得用手触摸刀具、模具、砂轮。发现磨钝、破损情况时,立即停机修换。

4. 作业时间过长,应待冷却后再行作业。发现异常现象,应立即停机检查。

6　钢筋机械

　　本章要点：钢筋强化机械的类型、钢筋加工机械、钢筋焊接机械、钢筋预应力机械的结构以及安全使用等内容。

6.1 钢筋强化机械

6.1.1 类型

钢筋强化机械包括钢筋冷拉机、钢筋冷拔机、钢筋轧扭机等机型。

1. 钢筋冷拉机

钢筋冷拉机是对热轧钢筋在正常温度下进行强力拉伸的机械。冷拉是把钢筋拉伸到超过钢材本身的屈服点，然后放松，以使钢筋获得新的弹性阶段，提高钢筋强度（约提高20%～25%）。通过冷拉不但可使钢筋被拉直、延伸，而且还可以起到除锈和检验钢材的作用。

2. 钢筋冷拔机

钢筋冷拔机是在强拉力的作用下将钢筋在常温下通过一个比其直径小0.5～1.0mm的孔模（即铝合金拔丝模），使钢筋在拉应力和压应力作用下被强行从孔模中拔过去，使钢筋直径缩小，而强度提高40%～90%，塑性则相应降低，成为低碳冷拔钢丝。

3. 钢筋轧扭机

钢筋轧扭机是由多台钢筋机械组成的冷轧扭生产线，能连续地将直径6.5～10mm的普通盘圆钢筋调直、压扁、扭转、定长、切断、落料等完成钢筋轧扭全过程。

6.1.2 结构简述

1. 钢筋冷拉机

钢筋冷拉机有多种形式，常用的为卷扬机式、阻力轮式和液压式等。

（1）卷扬机式

卷扬机式钢筋冷拉机是利用卷扬机的牵引力来冷拉倒筋。当卷扬机旋转时，夹持钢筋的一只动滑轮组被拉向卷扬机，使钢筋被拉伸；而另一只滑轮组则被拉向滑轮，为下次冷拉时交替使用。钢筋所受的拉力经传力杆、活动横梁传送给测力器，从而测出拉力的大小。对于拉伸长度，可通过标尺直接测量或用行程开关来控制。

（2）阻力轮式

阻力轮式钢筋冷拉机是以电动机为动力，经减速器使绞轮获得40m/min的速度旋转，通过阻力轮将绕在绞轮上的钢筋拖动前进，并把冷拉后的钢筋送入调直机进行调直和切断。钢筋的拉伸率通过调节阻力轮来控制。

（3）液压式

液压式钢筋冷拉机是以电动机分别带动高、低压力油泵，使高、低压油液经油管、控制阀进入液压张拉缸，从而完成拉伸和回程动作。

2. 钢筋冷拔机

钢筋冷拔机又称拔丝机、有立式、卧式和串联式等形式。

（1）立式

由电动机通过涡轮减速器，带动主轴旋转，使安装在轴上的拔丝卷筒跟着旋转，卷绕强行通过拔丝模的钢筋成为冷拔钢丝。

(2) 卧式

由 14kW 以上的电动机，通过双出头变速器带动卷筒旋转，使钢筋强行通过拔丝模后卷绕在卷筒上。

(3) 串联式

由几台单卷筒拔丝机组合在一起，使钢丝卷绕在几个卷筒上，后一个卷筒将前一个卷筒拔过的钢丝再往细拔一次，可一次完成单卷筒需多次完成的冷拔过程。

3. 钢筋冷轧扭机

钢筋由放盘架上引出，经过调直箱调直，并清除氧化皮，再经导引架进入轧机，冷轧到一定厚度，其断面近似矩形，在轧辊推动下，钢筋被迫通过已经旋转了一定角度的一对扭转辊，从而形成连续旋转的螺旋状钢筋，再经由过渡架进入切断机，将钢筋切断后落到持料架上。

6.1.3 安全使用

1. 制筋冷拉机的使用要点

(1) 进行钢筋冷拉工作前，应先检查冷拉设备能力和钢筋的机械性能是否相适应，不允许超载冷拉。

(2) 开机前，应对设备各连接部位和安全装置以及冷拉夹具、钢丝绳等进行全面检查，确认符合要求时，方可作业。

(3) 冷拉钢筋运行方向的端头应设防护装置，防止在钢筋拉断或夹具失灵时钢筋弹出伤人。

(4) 冷拉钢筋时，操作人员要站在冷拉线的侧向，并设联络信号，使操作人员在统一指挥下进行作业。在作业过程中，严禁横向跨越钢丝绳或冷拉线。

(5) 钢筋冷拉前，应对测力器和各项冷拉数据进行校核，冷拉值（伸长值）计算后应经技术人员复核，以确保冷拉钢筋质量，并随时做好记录。

(6) 钢筋冷拉时，如遇接头被拉断时，可重新焊接后再拉，但这种情况不应超过两次。

(7) 用延伸率控制的装置，必须装设明显的限位装置。

(8) 电气设备、液压元件必须完好，导线绝缘必须良好，接头处要连接牢固，电动机和启动器的外壳必须接地。

2. 钢筋冷拔机的使用要点

(1) 操作前，要检查机器各传动部位是否正常，电气系统有无故障，卡具及保护装置等是否良好。

(2) 开机前，应检查拔丝模的规格是否符合规定，在拔丝模盒中放入适量的润滑剂，并在工作中根据情况随时添加。在钢筋头边过拔丝模以前也应抹少量润滑剂。

(3) 拔丝机运转时，严禁任何人在沿线材拉拔方向站立或停留。拔丝卷筒用链条挂料时，操作人员必须离开链条甩动的区域，出现断丝应立即停车，待车停稳后方可接料和采取其他措施。不允许在机器运转中用手取拔丝筒周围的物品。

(4) 拔丝过程中，如发现盘圆钢筋打结成乱盘时，应立即停车，以免损坏设备。如果不是连续拔丝，要防止钢筋拉拔到最后端头时弹出伤人。

3. 钢丝轧扭机的使用要点

(1) 开机前要检查机器各部有无异常现象，并充分润滑各运动件。

(2) 在控制台上的操作人员必须注意力集中，发现钢筋乱盘或打结时，要立即停机，待处理完毕后，方可开机。

(3) 在轧扭过程中如有失稳堆钢现象发生，要立即停机，以免损坏轧辊。

(4) 运转过程中，任何人不得靠近旋转部件。机器周围不准乱堆异物，以防意外。

6.2 钢筋加工机械

6.2.1 分类

常用的钢筋加工机械为钢筋切断机、钢筋调直机、钢筋弯曲机、钢筋镦头机等。

1. 钢筋切断机：它是把钢筋原材和已绞直的钢筋切断成所需长度的专用机械。

2. 钢筋调直机：用于将成盘的细钢筋和经冷拔的低碳钢丝调直。它具有一机多用的功能，能在一次操作中完成钢筋调直、输送、切断、并兼有清除表面氧化皮和污迹的作用。

3. 钢筋弯曲机：又称冷变机。它是对经过调直、切断后的钢筋，加工成构件或构件中所需要配置的形状，如端部弯钩、梁内弓筋、弯起钢筋等。

4. 钢筋镦头机：预应力混凝土的钢筋，为便于拉伸，需要将其两端镦粗，镦头机就是实现钢筋镦头的专用设备。

6.2.2 结构简述

1. 钢筋切断机

钢筋切断机有机械传动和液压传动两种。

(1) 机械传动式：由电动机通过三角胶带轮和齿轮等减速后，带动偏心轴来推动连杆作往复运动；连杆端装有冲切刀片，它在与固定刀片相错的往复水平运动中切断钢筋。

(2) 液压传动式：电动机带动偏心轴旋转，使与偏心轴面接触的柱塞做往复运动，柱塞泵产生高压油进入油体缸内，推动活塞驱使活动刀片前进，与固定在支座上的固定刀片相错切断钢筋。

2. 钢筋调直机

电动机经过三角胶带驱动调直筒旋转，实现钢筋调直工作。另外通过同在一电机上的又一胶带轮传动来带动另一对锥齿轮传动偏心轴，再经过两级齿轮减速，传到等速反向旋转的上压辊轴与下压辊轴，带动上下压辊相对旋转，从而实现调直和曳引运动。

3. 钢筋弯曲机

钢筋弯曲机是由电动机经过三角胶带轮，驱动蜗杆或由轮减速器带动工作盘旋转。工作盘上有9个轴孔，中心孔用来插中心轴或轴套，周围的8个孔用来插成型轴或轴套。当工作盘旋转时，中心轴的位置不变化，而成型轴围绕着中心轴作圆弧转动，通过调整成型轴位置，即可将被加工的钢筋弯曲成所需形状。

4. 钢筋镦头机

钢筋镦头机都为冷镦机，按其动力传递的不同方式可分为机械传动和液压传动两种类型。机械传动为电动和手动，只适用于冷镦直径 5mm 以下的低碳钢丝。液压冷镦机需有液压油泵配套使用，10 型冷镦机最大镦头力为 100kN，适用于冷镦直径为 5mm 的高强度碳素钢丝；45 型冷镦机最大镦头力为 450kN，适用于冷镦直径为 12mm 普通低合金钢筋。

6.2.3 安全使用

1. 钢筋切断机安全使用要点

（1）接送料的工作台前应和切刀下部保持水平，工作台的长度可根据加工材料长度决定。

（2）启动前，必须检查切刀应无裂纹，刀架螺栓紧固，防护罩牢靠。然后用手转动皮带轮，检查齿轮啮合间隙，调整切刀间隙。

（3）机械未达到正常转速时，不可切料。切料时，必须使用切刀的中、下部位，紧握钢筋对准刃口迅速投入。应在固定刀片一侧握紧并压住钢筋，以防钢筋末端弹出伤人。严禁用两手分在刀片两边握住钢筋俯身送料。

（4）不得剪切直径及强度超过机械铭牌规定的钢筋和烧红的钢筋。一次切断多根钢筋时，其总截面积应在规定范围内。

（5）剪切低合金钢时，应更换高硬度切刀，剪切直径应符合铭牌规定。

（6）切断短料时，手和切刀之间的距离应保持在 150mm 以上，如手握段小于 400mm 时，应采用套管或夹具将钢筋短头压住或夹牢。

（7）运转中，严禁用手直接清除切刀附近的断头和杂物。钢筋摆动周围和切刀周围，不得停留非操作人员。

（8）发现机械运转有异常或切刀歪斜等情况，应立即停机检修。

2. 钢筋调直机安全使用要点

（1）料架、料槽应安装平直，对准导向筒、调直筒和下切刀孔的中心线。

（2）按调直钢筋的直径，选用适当地调直块及传动速度，经调试合格，方可送料。

（3）在调直块未固定、防护罩未盖好前不得送料。作业中严禁打开各部防护罩及调整间隙。

（4）当钢筋送入后，手与曳轮必须保持一定的距离，不得接近。

（5）送料前，应将不直的料头切除，导向筒前应装一根 1m 长的铜管，钢筋必须先穿过钢管再送入调直筒前端的导孔内。

3. 钢筋弯曲机的安全使用操作要点

（1）挡铁轴的直径和强度不得小于被弯钢筋的直径和强度。不直的钢筋，不得在弯曲机上弯曲。

（2）作业中，严禁更换轴芯、销子和变换角度以及调速等作业，也不得进行清扫和加油。

（3）严禁弯曲超过机械铭牌规定直径的钢筋。在弯曲未经冷拉或带有锈皮的钢筋时，必须戴防护镜。

（4）严禁在弯曲钢筋的作业半径内和机身不设固定销的一侧站人。弯曲好的半成品，应堆放整齐，弯钩不得朝上。

4. 钢筋镦头机安全使用要点

（1）电动镦头机

1）压紧螺杆要随时注意调整，防止上下夹块滑动移位。

2）工作前要注意电动机转动方向，行轮应顺指针方向转动。

3）夹块的压紧槽要根据加工料的直径而定，压紧杆的调整要适当。

4）调整时凸块与块的工作距离不得大于 1.5mm，空位调整按镦帽直径大小而定。

（2）液压镦头机

1）镦头器应配用额定油压在 40MPa 以上的高压油泵。

2）镦头部件（铺环）和切断部件（刀架）与外壳的螺纹连接，必须拧紧。应注意在锚环或刀架未装上时，不允许承受高压，否则将损坏弹簧座与外壳连接螺纹。

3）使用切断器时，应将镦头器用锚环夹片放下，换上刀架。刀架上的定刀片应随切断钢筋的粗细而更换。

6.3 钢筋焊接机械

6.3.1 分类

焊接机械类型繁多，用于钢筋焊接的主要有对焊机、点焊机和手工弧焊机。

1. 对焊机：对焊机在 UN、UN1、UN5、UN8 等系列，钢筋对焊常用的是 UN1 系列。这种对焊机专用于电阻焊接、闪光焊接低碳钢、有色金属等，按其额定功率不同，有 UN1-25、UN1-75、UN1-100 型杠杆加压式对焊机和 UN1-150 型气压自动加压式对焊机等。

2. 点焊机：按照点焊机时间调节器的形式和加压机构的不同，可分为脚踏式、电动凸轮式和气、液压传动式三种类型。按照上、下电极臂的长度，可分为长臂式和短臂式两种形式。

3. 弧焊机：弧焊机可分为交流弧焊机（又称焊接变压器）和直流弧焊机两大类，直流弧焊机又有旋转式直流焊机（又称焊接发电机）和弧焊整流器两种类型。前者是由电动机带动弧焊发电机整流发电；后者是一种将交流电变为直流电的手弧焊电源。

6.3.2 结构简述

1. 对焊机

对焊机的电极分别装在固定平板和滑动平板上，滑动平板可沿机身上的导轨移动，电流通过变压器次级线圈（铜引片）传到电极上，当推动压力机构使两根钢筋端头接触到一起后，加力挤压，达到牢固的对接。

对焊工艺可分为电阻对焊和闪光对焊两种：

（1）电阻对焊：是将钢筋的接头加热到塑性状态后切断电源，再加压达到塑性连接。这种焊接工艺容易在接头部位产生氧化或夹渣，并要求钢筋端面加工平整光洁，同时焊接时耗电量大，需要大功率焊机，故较少采用。

(2) 闪光对接：是指在焊接过程中，从钢筋接头处喷出的熔化金属位呈现火花（即闪光）。在熔化金属喷出的同时，也将氧化物及夹渣带出，使对焊接头质量更好，因而被广泛地应用。

2. 点焊机

点焊机主要由焊接变压器、分级转换开关、电极、压力臂和压力弹簧、杠杆操纵系统等组成。点焊时，将表面清理好并将平直的钢筋叠合在一起放在两个电极之间，踏下脚踏板，使两根钢筋的交点接触紧密，同时，断路器也相接触，接通电流，使钢筋交接点在极短时间内产生大量的电阻热，钢筋很快被加热到熔点而处于熔化状态。放开脚踏板，断路器随杠杆下降而切断电源，在压力臂加压下，熔化了的交接点冷却后凝结成焊接点。

3. 交流弧焊机

交流弧焊机又称焊接变压器，其基本原理与一般电力变压器相同，是一种结构最简单、使用很广的焊机。它是由电抗器和变压器两部分组成，上部为电抗器，其作用是获得下降外特性；下部为变压器，它将220V或380V网路电源电压降到60~80V左右。其电流调节可通过改变初次线圆的串联（接法Ⅰ）和并联（接法Ⅱ）两种接法来实现。还能用调节手轮转动螺杆，使两次级线圈沿铁芯上下移动，改变初级与次级线圈间的距离。距离越大，两者之间的漏磁也越大，由于漏抗增加，使焊接电流减小。反之，则焊接电流增加。

4. 直流弧焊机

直流弧焊机又称焊接发电机，它是由共用同一转轴的三相感应电动机和一台焊接发电机组成。机身上部控制箱内装有调节焊接电流的变阻器，下部装有车轮，便于移动。这类焊机在电枢回路内串有电抗器，引弧容易，飞溅少，电弧稳定，可以焊接各种碳钢、合金钢、不锈钢和有色金属。

6.3.3 安全使用

1. 对焊机的安全使用要点

(1) 严禁对焊超过规定直径的钢筋，主筋对焊必须先焊后拉，以便检查焊接质量。

(2) 调整断路限位开关，使其在焊接到达预定挤压盘时能自动切断电源。

2. 点焊机安全使用要点

(1) 焊机通电后，应检查电气设备、操作机构、冷却系统、气路系统及机体外壳有无漏电等现象。

(2) 焊机工作时，气路系统、水冷却系统应畅通。气体必须保持干燥，排水温度不应超过40℃，排水量可根据季节调整。

(3) 上电极的工作行程调节完后，调节气缸下面的两个螺母必须拧紧，电极压力可通过旋转减压阀手柄来调节。

3. 交流弧焊机的安全使用要点

(1) 使用前，应检查初、次级线不得接锚，输入电压必须符合电焊机的铭牌规定。接通电源后，严禁接触初级线路的带电部分。

(2) 多台电焊机集中使用时，应分接在三相电源网络上，使三相负载平衡。多台焊机的接地装置，应分别由接地极处引接，不得串联。

(3) 移动电焊机时，应切断电源，不得用拖拉电缆的方法移动焊机。如焊接中突然停电，应立即切断电源。

4. 直流弧焊机的安全使用要点

（1）启动时，检查转子的旋转方向应符合焊机标志的箭头方向。

（2）数台焊机在同一场地作业时，应逐台启动，避免启动电流过大，引起电源开关掉闸。

（3）运行中，如需调节焊接电流和极性开关时，不得在负荷时进行。调节时，不得过快、过猛。

6.4 钢筋预应力机械

钢筋预应力机械是在预应力混凝土结构中，用于对钢筋施加张拉力的专用设备，分为机械式、液压式和电热式三种。常用的是液压式拉伸机。

6.4.1 液压式拉伸机的类型

液压式拉伸机的分类

液压式拉伸机是由液压千斤顶、高压油泵及连接这两者之间的高压油管组成。

1. 液压千斤顶：按其构造特点分为锥锚式和台座式两种种；按其作用形式时分为单作用（拉伸）、双作用（张拉、顶锚）和三作用（张拉、顶锚、退楔）三种。各种千斤顶的主要作用：

（1）锥锚式千斤顶：用于张拉带有钢质锥形铺具的钢丝束和钢丝线束。

（2）台座式千斤顶：用于先张法台座生产工艺。

2. 高压油泵：有手动和电动两种。电动油泵又可分为轴向式和径向式两种，轴向式比径向式具有结构简单、工料省等优点而成为主要形式。

6.4.2 液压式拉伸机的结构简述

1. 锥锚式千斤顶

张拉时，先把预应力筋用模块固定在锥形卡环上，开泵使高压油进入主缸，使主缸向左移动的同时，带动固定在主缸上的锥形卡环也向左移动，预应力筋即被张拉。张拉完成后，关闭主缸进油阀，打开副缸进油阀，使被压油进入副缸，由于主缸没有回油，仍保持一定油压，则副缸活塞及压头向右移动顶压锚塞，将预应力筋锚固在锚环上。然后使主、副缸同时回油，通过弹簧的作用而回到张拉前的位置。放松模块，千斤顶退出。

2. 台座式千斤顶

台座式千斤顶即普通油压千斤顶，在制作先张法预应力混凝土构件时与台座、横梁等配合，可张拉粗钢筋、成组钢丝或钢绞丝；在制作后张法构件时，台座式千斤顶与张拉架配合，可张拉直钢筋。

3. 高压油泵

高压油泵又称电动油泵，它是由柱塞泵、油箱、控制阀、节流阀、压力表、支撑件、电动机等组成。

电动机驱动自吸式轴向柱塞泵，使柱塞在柱塞套中往复运动，产生吸、排油的作用，在出油嘴得到连续均匀的压力油。通过控制阀和节流阀来调节进入工作缸（千斤顶）的流量。打开放油阀，工作缸中的液压油便可流回油箱。

6.4.3 液压式拉伸机的安全使用

1. 液压千斤顶安全使用要点

（1）千斤顶不允许在任何情况下超载和超过行程范围使用。

（2）千斤顶张拉计压时，应观察千斤顶位置是否偏斜，必要时应回油调整。进油升压必须徐缓、均匀平稳，回油降压时应缓慢松开凹油阀，并使各液压缸回程到底。

（3）双作用千斤顶在张拉过程中，应使顶压液压缸全部回油，在顶压过程中，张拉液压缸应予持荷，以保证恒定的张拉力，待顶压锚固完成时，张拉缸再回油。

2. 高压油泵安全使用要点

（1）油泵不宜在超负荷下工作，安全阀应按额定油压调整，严禁任意调整。

（2）高压油泵运转前，应将各油路调节阀松开，然后开动油泵，待空载运转正常后，再紧闭放油阀，逐渐旋拧紧油阀杆，增大载荷，并注意压力表指针是否正常。

（3）油泵停止工作时，应先将回油阀缓缓松开，待压力表指针退回零位后，方可卸开千斤顶的油管接头螺栓。严禁在载荷时拆换油管式压力表。

7 桩工机械

本章要点：桩工机械的种类、基本安全要求，桩架、柴油打桩锤、振动桩锤、静力压桩机构造和安全使用等内容。

7.1 概　　述

7.1.1 预制桩施工机械种类

1. 蒸汽锤打桩机：利用高压蒸汽将锤头上举，然后靠锤头自重向下冲击桩头，使锤沉入地下。
2. 柴油锤打桩机：利用燃油爆炸，推动活塞，靠爆炸力冲击桩头，使桩沉入地下，适宜打各类预制桩。
3. 振动锤打桩机：利用桩锤的机械振动力使桩沉入土中，适用于承载较小的预制混凝土桩板、钢板桩等。
4. 静力压桩机：利用机械卷扬机或液压系统产生的压力，使桩在持续静压力的作用下压入土中，适用于一般承载力的各类预制桩。

7.1.2 灌注桩施工机械种类

1. 转盘式钻孔机：采用机械传动方式，使平行于地面的磨盘转动，通过钻杆，带动钻头转动切削土层和岩层，以水作为介质，将岩土取出地面，适用各类中等口径的灌注桩。
2. 长螺旋钻孔机：电动机转动通过减速箱，使长螺旋钻杆转动，使土沿着螺旋叶片上升至地表，排出孔外，适用于地下水位低的薄土层地区，桩孔径较小的建筑物基础。
3. 旋挖钻机：通过电机转动，带动短螺旋钻杆及取土箱转动，待取土箱内土旋满时，将取土箱提出地表取土，如此周而复始。
4. 潜水钻孔机：电动机和钻头在结构上连接在一起，工作时电机随钻头能潜至孔底。

7.1.3 基本安全要求

1. 桩工机械类型应根据桩的类型、桩长、桩径、地质条件、施工工艺等综合考虑选择。
2. 桩机上装设的起重机、卷扬机、钢丝绳应执行相关规定。打桩机卷扬钢丝绳应经常润滑，不得干摩擦。
3. 施工现场应按桩机使用说明书的要求进行整平压实，地基承载力应满足桩机的使用要求。在基坑和围堰内打桩，应配置足够的排水设备。
4. 桩机作业区内应无妨碍作业的高压线路、地下管道和埋设电缆。作业区应有明显标志或围栏，非工作人员不得进入。
5. 电力驱动的桩机，作业场地至电源变压器或供电主干线的距离应在200m以内，工作电源电压的允许偏差为其公称值的±5%。电源容量与导线截面应符合设备使用说明书的规定。
6. 桩机的安装、试机、拆除应由专业人员严格按设备使用说明书的要求进行。安装桩锤时，应将桩锤运到立柱正前方2m以内，并不得斜吊。
7. 打桩作业前，应由施工技术人员向机组人员进行安全技术交底。

8. 水上打桩时，应选择排水量比桩机重量大四倍以上的作业船或牢固排架，打桩机与船体或排架应可靠固定，并采取有效的锚固措施。当打桩船或排架的偏斜度超过3°时，应停止作业。

9. 作业前，应检查并确认桩机各部件连接牢靠，各传动机构、齿轮箱、防护罩、吊具、钢丝绳、制动器等良好，起重机起升、变幅机构正常，电缆表面无损伤，有接零和漏电保护措施，电源频率一致、电压正常，旋转方向正确，润滑油、液压油的油位符合规定，液压系统无泄漏，液压缸动作灵敏，作业范围内无人或障碍物。

10. 桩机吊桩、吊锤、回转或行走等动作不应同时进行。桩机在吊桩后不应全程回转或行走。吊桩时，应在桩上拴好拉绳，避免桩与桩锤或机架碰撞。桩机在吊有桩和锤的情况下，操作人员不得离开岗位。

11. 桩锤在施打过程中，操作人员应在距离桩锤中心5m以外监视。

12. 插桩后，应及时校正桩的垂直度。桩入±3m以上时，不应用桩机行走或回转动作来纠正桩的倾斜度。

13. 拔送桩时，不得超过桩机起重能力；起拔载荷应符合以下规定：

（1）打桩机为电动卷扬机时，起拔载荷不得超过电动机满载电流。

（2）打桩机卷扬机以内燃机为动力，拔桩时发现内燃机明显降速，应立即停止起拔。

（3）每米送桩深度的起拔载荷可按40kN计算。

14. 作业过程中，应经常检查设备的运转情况，当发生异响、吊索具破损、紧固螺栓松动、漏气、漏油、停电以及其他不正常情况时，应立即停机检查，排除故障后，方可重新开机。

15. 桩孔应及时浇筑，暂不浇筑的要及时封闭。

16. 在有坡度的场地上及软硬边际作业时，应沿纵坡方向作业和行走。

17. 遇风速10.8m/s级及以上大风和雷雨、大雾、大雪等恶劣气候时，应停止一切作业。当风力超过七级或有风暴警报时，应将桩机顺风向停置，并应增加缆风绳，必要时应将桩架放倒。桩机应有防雷措施，遇雷电时人员应远离桩机。冬季应清除机上积雪，工作平台应有防滑措施。

18. 作业中，当停机时间较长时，应将桩锤落下垫好。检修时不得悬吊桩锤。

19. 桩机运转时，不应进行润滑和保养工作。设备检修时，应停机并切断电源。

20. 桩机安装、转移和拆运过程中，不得强行弯曲液压管路，以防液压油泄漏。

21. 作业后，应将桩机停放在坚实平整的地面上，将桩锤落下垫实，并切断动力电源。冬季应放尽各种可能冻结的液体。

7.2 桩　　架

桩架是打桩专用工作装置配套使用的基本设备，俗称主机，其作用主要承载工作置、桩及其他机具的重量，承担吊桩、吊送桩器、原料斗等工作，并能行走和回转，桩架和柴油锤配套后，即为柴油打桩机，桩架与振动桩锯配套后即为振动沉拔桩机。

桩架形式多种多样，不管什么类型的桩架，其结构主要由底盘、导向杆、后斜撑、动力装置、传动机构、制动机构、行走回转机构等组成。

桩架主要用钢材制成，按照行走方式的不同分为履带式、滚筒式、携船步履式、轨道式等，桩架的高度可按实际工作需要分节拼装，通长每节4～6m。

桩架高度＝桩长＋工作装置高度＋附件高度＋安全距离＋工作余量。

例：桩长18m，锤高5m，桩帽1m，安全距离1m，工作余量0.5m。

则桩架有效高度＝18＋5＋1＋1＋0.5＝25.5m。

7.3 柴油打桩锤

柴油打桩锤是打预制桩的专用冲击设备，与桩架配套组成柴油打桩机。柴油打桩锤是以柴油为燃料，从构造上看，实际上就是一种庞大的单缸二冲程内燃机。柴油打桩锤的冲击体是活塞或者缸套，具有结构简单，施工效率高，适应性广的特点，应用范围广泛。但随着人们环保意识的加强，以及城市建筑物密度的增加，柴油打桩锤噪声大，废气污染严重，振动大，对周边建筑物有破坏作用的缺点显现出来，因此，该机械在城区桩基础施工中的使用受到一定限制。

7.3.1 导杆式柴油打桩锤的构造

导杆式柴油打桩锤由活塞、缸锤、导杆、顶部横梁、起落架、燃油系统和基座等组成。

7.3.2 筒式柴油打桩锤的构造

筒式柴油打桩锤依靠活塞上下跳动来锤击桩，由锤体、燃料供给系统、润滑系统、冷却系统和起动系统等构成。

7.3.3 柴油打桩锤的安全作业要点

1. 桩架必须安放平稳坚实。桩锤起动时，应注意桩锤、桩帽在同一直线上，防止偏心打桩。
2. 在打桩过程中，应有专人负责拉好曲臂上的控制绳，如遇意外情况时可紧急停锤。
3. 上活塞起跳高度不得超过2.5m。
4. 打桩过程及时纠正，以免把桩打斜。
5. 打桩过程中，严禁任何人进入以桩轴线为中心的4m半径范围内。

7.4 振动桩锤

振动桩锤的工作原理是利用电机的高速旋转，通过皮带带动振动相体内的偏心块高速旋转，产生正弦波规律变化的激振力，桩在激振力的作用下，以一定的频率和振幅发生振动，使桩周围的土壤处于"液化"状态，从而大大降低了土壤对桩的摩擦阻力，使桩下沉和拔出。该桩锤具有效率高、速度快、便于施工等优点，在桩基工程的施工中得到广泛的应用。

7.4.1 振动桩锤的构造

振动桩锤的主要组成部分是原动机、振动器、夹桩器和减振装置。

7.4.2 振动桩锤施工作业要点

1. 在作业前，应对桩锤进行检测。检测电动机、电动机电缆的绝缘值是否符合要求；检查电气箱内各元件应完好；检查传动带的松紧度；检查夹持器与振动器连接处的螺栓是否紧固。

2. 当桩插入夹桩器内后，将操纵杆扳到夹紧位置，使夹桩器将桩慢慢夹紧，直至听到油压卸载声为止。在整个作业过程中，操纵杆应始终放在夹紧位置，液压系统压力不能下降。

3. 悬挂桩锤的起重机，吊钩必须有保险装置。

4. 拔钢板桩时，应按通常的沉入顺序的相反顺序拔起。夹持器在夹持板桩时，应尽量靠近相邻的一根，较易起拔。

5. 当夹桩器将桩夹持后，须待压力表显示压力达到额定值后，方可指挥起拔。当拔桩离地面 1~1.5m 时，应停止振动，将吊桩用钢丝绳拴好，然后继续启动桩锤进行拔桩。

6. 拔桩时，必须注意起重机额定起重量，通常用估算法，即起重机的回转半径应以桩长 1m 对 1t 的比率来确定。

7. 桩被完全拔出后，在吊桩钢丝绳未吊紧前，不得将夹桩器松掉。

7.5 静力压桩机

7.5.1 静力压桩机的构造

静力压桩机是依靠静压力将桩压入地层的施工机械。当静压力大于沉桩阻力时，桩就沉入土中。压桩机施工时无振动，无噪声，无废弃污染，对地基及周围建筑物影响较小。能避免冲击式打桩机因连续打击桩而引起桩头和桩身的破坏。适用于软土地层及沿海和沿江淤泥地层中施工。在城市中应用对周围的环境影响力小。

YZY-500 型全液压静力压桩机，主要由支腿平台结构、长船行走机构、短船行走机构、夹持机构、导向压桩机构、起重机、液压系统、电器系统和操作室等部分组成。

7.5.2 静力压桩机的安全作业要点

1. 压桩机安装地点应按施工要求进行先期处理，应平整场地，地面应达到 35kPa 的平均地基承载力。

2. 电源在导通时，应检查电源电压并使其保持在额定电压范围内。

3. 安装配重前，应对各紧固件进行检查，在紧固件未拧紧前不得进行配重安装。

4. 安装完毕后，应对整机进行试运转，对吊桩用的起重机，应进行满载试吊。

5. 冬季应清除机上积雪，工作平台应有防滑措施。

6. 压桩作业时，应有统一指挥，压桩人员和吊桩人员应密切联系，相互配合。

7. 当压桩机的电动机尚未正常运行前，不得进行压桩。

8. 压桩时，应按桩机技术性能表作业，不得超载运行。操作时动作不应过猛，避免冲击。

9. 压桩时，非工作人员应离机10m以外。起重机的起重臂下，严禁站人。

10. 压桩过程中，应保持桩的垂直度，如遇地下障碍物使桩产生倾斜时，不得采用压桩机行走的方法强行纠正，应先将桩拔起，待地下障碍物清除后，重新插桩。

11. 当压桩引起周围土体隆起，影响桩机行走时，应将桩机前进方向隆起的土铲平，不得强行通过。

12. 压桩机在顶升过程中，船型轨道不应压在已入土的单一桩顶上。

13. 作业完毕，应将短船运行至中间位置，停放在平整地面上，其余液压缸应全部回程缩进，起重机吊钩应升至最上部，并应使各部制动生效，最后应将外露活塞杆擦干净。

14. 作业后，应将控制器放在"零位"，并依次切断各部电源，锁闭门窗，冬季应放尽各部积水。

15. 转移工地时，应按规定程序拆卸时，用汽车装运。所有油管接头处应加闷头螺栓，不得让尘土进入。液压软管不得强行弯曲。

8　施工现场消防管理

本章要点：火灾的类型、燃烧的条件和产物以及爆炸的分类等防火的基本知识，施工现场平面布置的基本要求和内容，施工现场消防给水系统、消火栓和灭火器等消防设施以及施工现场防火安全管理的要求等相关内容。

8.1 防火基本知识

8.1.1 火灾的类型

火灾的定义：火灾是在时间和空间上失去控制的燃烧所造成的灾害。

按照现行国家标准《火灾分类》GB/T 4968—2008，根据可燃物的类型和燃烧特性将火灾分为 A、B、C、D、E、F 六个不同的类别。

A 类火灾：指固体物质火灾。如木材、棉、毛、麻、纸张火灾等。

B 类火灾：指液体火灾和可熔化的固体物质火灾，如汽油、煤油、原油、甲醇、乙醇、沥青、石蜡火灾等。

C 类火灾：指气体火灾，如煤气、天然气、甲烷、乙烷、丙烷、氢气火灾等。

D 类火灾：指金属火灾，如钾、钠、镁、钛、锆、锂、铝镁合金火灾等。

E 类火灾：带电火灾。物体带电燃烧的火灾。

F 类火灾：烹饪器具内的烹饪物（如动植物油脂）火灾。

建筑施工现场所发生的火灾事故大部分是 A 类火灾，其次是 B、C 类火灾和 E 类火灾，因此要有针对性的预防措施。

8.1.2 燃烧和爆炸

燃烧和爆炸是火灾事故的表现形式，其结果带来财产损失和人员伤亡。了解燃烧和爆炸的特性，针对性的采取安全预防措施，达到减少损失的目的。具体内容如下：

1. 燃烧

（1）燃烧的条件

物质燃烧过程的发生和发展，必须具备三个必要条件，即可燃物、氧化剂和温度（引火源）。只有这三个条件同时发生，才可能发生燃烧现象。但是，并不是上述三个条件同时存在，就一定会发生燃烧现象，还必须这三个因素相互作用才能发生燃烧。

1）可燃物：凡是能与空气中的氧或其他氧化剂起燃烧化学反应的物质称为可燃物。可燃物按其物理状态分为气体可燃物、液体可燃物和固体可燃物三种类别。可燃烧物质大多是含碳和氢的化合物，某些金属如镁、铝、钙等在某些条件下也可以燃烧，还有许多物质如肼、臭氧等在高温下可以通过自己的分解而放出光和热。

2）氧化剂：帮助和支持可燃物燃烧的物质，即能与可燃物发生氧化反应的物质称为氧化剂。燃烧过程中的氧化剂主要是空气中游离的氧，另有氟、氯等也可以作为燃烧反应的氧化剂。

3）温度（引火源）：是指供给可燃物与氧或助燃剂发生燃烧反应的能量来源。常见的是热能，其他还有化学能、电能、机械能等转变的热能。

（2）常用的概念

1）闪燃：在液体（固体）表面上能产生足够的可燃蒸气，遇火能发生一闪即灭的火焰的燃烧现象称为闪燃。

2）阴燃：没有火焰的缓慢燃烧现象称为阴燃。

3）爆燃：以亚音速传播的爆炸称为爆燃。

4）自燃：可燃物没有外部明火等火源的作用下，因受热或自身发热并蓄热所产生的自行燃烧现象称为自燃。

5）闪点：在规定的实验条件下，液体（固体）表面能产生闪燃的最低温度称为闪点。

6）燃点：在规定的实验条件下，液体或固体能发生持续燃烧的最低温度称为燃点。一切液体的燃点都高于闪点。

7）自燃点：在规定的实验条件下，可燃物质产生自燃的最低温度是该物质的自燃点。

2. 燃烧产物及其毒性

燃烧产物是指由于燃烧或热解作用产生的全部物质。燃烧的产物包括：燃烧生成的气体、能量、可见烟等。燃烧生成的气体一般是指：一氧化碳、氰化氢、二氧化碳、丙烯醛、氯化氢、二氧化硫等。

火灾统计表明，火灾中死亡人数大约80%是由于吸入火灾中燃烧产生的有毒烟气致死的。火灾产生的烟气含有大量的有毒成分，如：一氧化碳、二氧化碳、氰化氢、二氧化硫、过氧化氢等，二氧化碳是主要产物之一，而一氧化碳是火灾中致死的主要燃烧物之一，其毒性在于对血液中血红蛋白的高亲和性，其亲和力比氧气高出250倍，最容易引起供氧不足而危及生命。

3. 爆炸

爆炸是指由于物质急剧氧化或分解反应，使温度、压力急剧增加或使两者同时急剧增加的现象，爆炸可分为物理爆炸、化学爆炸和核爆炸。

（1）物理爆炸：由于液体变成蒸汽或气体迅速膨胀而造成压力急速增加，并大大超过容器的极限压力而发生的爆炸。如蒸汽锅炉、液化气钢瓶等的爆炸。

（2）化学爆炸：因物质本身发生化学反应，产生大量气体和高温而发生的爆炸。如炸药的爆炸，可燃气体、液体蒸汽和粉尘与空气混合物的爆炸等。

（3）核爆炸：某些物质的原子核发生裂变反应，瞬间放出巨大能量而形成的爆炸。

8.2 施工现场平面布置

8.2.1 塔式起重机的布置

1. 塔轨路基必须坚实可靠，两旁应设排水沟。
2. 采用两台塔式起重机或一台塔式起重机另配一台井架施工时，每台塔式起重机的回转半径及服务范围应能保证交叉作业的安全。
3. 塔式起重机临近高压线，应搭设防护架，并限制旋转角度。
4. 塔式起重机一侧必须按规定挂安全网。

8.2.2 道路的布置

1. 运输道路

（1）运输道路的最小宽度和转弯半径见表8-1及表8-2。架空线及管道下面的道路，其通行空间宽度应比道路宽度大0.5m，空间高度应大于4.5m。

施工现场道路最小宽度　　　　　　　　表 8-1

序号	车辆类别及要求	道路宽度（m）
1	汽车单行道	≥3.0（考虑防火，应≥4.0m）
2	汽车双行道	≥6.0
3	平板拖车单行道	≥4.0
4	平板拖车双行道	≥8.0

施工现场道路最小转弯半径　　　　　　表 8-2

车辆类型	路面内侧的最小曲线半径（m）		
	无拖车	有一辆拖车	有二辆拖车
小客车、三轮汽车	6		
二轴载重汽车	单车道9	12	15
	双车道7	12	15
三轴载重汽车	12	15	18
重型载重汽车	12	15	18
起重型载重汽车	15	18	21

（2）路面应压实平整，并高出自然地面 0.1～0.2m。雨季雨量较大的，一般沟深和底宽应不小于 0.4m。

（3）道路应靠近建筑物、木料场等易发生火灾的地方，以便车辆能直接开到消火栓处。

（4）尽量将道路布置成环路，否则应设置倒车场地。

2. 消防车道

施工现场内应设置临时消防车道，临时消防车道与在建工程、临时用房、可燃材料堆场及其加工场的距离不宜小于 5m，且不宜大于 40m。施工现场周边道路满足消防车通行及灭火救援要求时，施工现场内可不设置临时消防车道。

临时消防车道的设置应符合下列规定：

（1）临时消防车道宜为环形，如设置环形车道确有困难，应在消防车道尽端设置尺寸不小于 12m×12m 的回车场。

（2）临时消防车道的净宽度和净空高度均不应小于 4m。

（3）临时消防车道的右侧应设置消防车行进路线指示标识。

（4）临时消防车道路基、路面及其下部设施应能承受消防车通行压力及工作荷载。

建筑高度大于 24m 的在建工程，建筑工程单体占地面积大于 5000m² 的在建工程，成组布置的数量超过 10 栋的临时用房应设置环形临时消防车道。如果设置环形临时消防车道确有困难，除应设置回车场外，还应按以下要求设置临时消防救援场地：

（1）临时消防救援场地应在在建工程装饰装修阶段设置。

（2）临时消防救援场地应设置在成组布置的临时用房场地的长边一侧及在建工程的长边一侧。

（3）场地宽度应满足消防车正常操作要求且不应小于 6m，与在建工程外脚手架的净距不宜小于 2m，且不宜超过 6m。

8.2.3 临时设施的布置

施工现场出入口的设置应满足消防车通行的要求，并宜布置在不同方向，其数量不宜少于2个。当确有困难只能设置1个出入口时，应在施工现场内设置满足消防车通行的环形道路。

施工现场要明确划分用火作业区，易燃易爆、可燃材料堆放场，易燃废品集中点和生活区等。易燃易爆危险品库房应远离明火作业区、人员密集区和建筑物相对集中区。可燃材料堆场及其加工场、易燃易爆危险品库房不应布置在架空电力线下。

固定动火作业场应布置在可燃材料堆场及其加工场、易燃易爆危险品库房等全年最小频率风向的上风侧，并宜布置在临时办公用房、宿舍、可燃材料库房、在建工程等全年最小频率风向的上风侧。

各主要临时用房、临时设施的防火间距不应小于表8-3的规定，当办公用房、宿舍成组布置时，其防火间距可适当减小，但应符合以下要求：

（1）每组临时用房的栋数不应超过10栋，组与组之间的防火间距不应小于8m。

（2）组内临时用房之间的防火间距不应小于3.5m；当建筑构件燃烧性能等级为A级时，其防火间距可减少到3m。

各类建筑设施、材料的防火间距表　　　　表 8-3

名称间距	办公用房、宿舍	发电机房、变配电房	可燃材料库房	厨房操作间、锅炉房	可燃材料堆场及其加工场	固定动火作业场	易燃易爆危险品库房
办公用房、宿舍	4	4	5	5	7	7	10
发电机房、变配电房	4	4	5	5	7	7	10
可燃材料库房	5	5	5	5	7	7	10
厨房操作间、锅炉房	5	5	5	5	7	7	10
可燃材料堆场及其加工场	7	7	7	7	7	10	10
固定动火作业场	7	7	7	7	10	10	12
易燃易爆危险品库房	10	10	10	10	10	12	12

易燃易爆危险品库房与在建工程的防火间距应不小于15m，可燃材料堆场及其加工场、固定动火作业场与在建工程的防火间距应不小于10m，其他临时用房、临时设施与在建工程的防火间距应不小于6m。临时宿舍尽可能建在离建筑物20m以外，并不得建在高压架空线路下方，应和高压架空线路保持安全距离。工棚净空不低于2.5m。

8.3 施工现场消防设施

施工现场应设置灭火器、临时消防给水系统和临时消防应急照明等临时消防设施。临时消防设施应与在建工程的施工同步设置。房屋建筑工程中，临时消防设施的设置与在建工程主体结构施工进度的差距不应超过3层。

施工现场在建工程可利用已具备使用条件的永久性消防设施作为临时消防设施。当永久性消防设施无法满足使用要求时，应增设临时消防设施。

8.3.1 临时消防给水系统

施工现场或其附近应设置稳定、可靠的水源，并应能满足施工现场临时消防用水的需要。消防水源可采用市政给水管网或天然水源。其进水口一般不应少于两处。当采用天然水源时，应采取措施确保冰冻季节、枯水期最低水位时顺利取水。

临时消防用水量应为临时室外消防用水量与临时室内消防用水量之和。

1. 临时室外消防给水系统

临时室外消防用水量应按临时用房和在建工程的临时室外消防用水量的较大者确定，施工现场火灾次数可按同时发生1次确定。临时用房建筑面积之和大于$1000m^2$或在建工程单体体积大于$10000m^3$时，应设置临时室外消防给水系统。当施工现场处于市政消火栓150m保护范围内且市政消火栓的数量满足室外消防用水量要求时，可不设置临时室外消防给水系统。

临时用房的临时室外消防用水量不应小于表8-4的规定。

临时用房的临时室外消防用水量　　　　　　　　　　　　表8-4

临时用房建筑面积之和	火灾延续时间 (h)	消火栓用水量 (L/s)	每支水枪最小流量 (L/s)
$1000m^2<面积≤5000m^2$	1	10	5
面积$>5000 m^2$		15	5

在建工程的临时室外消防用水量不应小于表8-5的规定。

在建工程的临时室外消防用水量　　　　　　　　　　　　表8-5

在建工程（单体）体积	火灾延续时间 (h)	消火栓用水量 (L/s)	每支水枪最小流量 (L/s)
$10000m^3<体积≤30000m^3$	1	15	5
体积$>30000m^3$	2	20	5

施工现场临时室外消防给水系统的设置应符合下列要求：

（1）给水管网宜布置成环状。

（2）临时室外消防给水干管的管径应依据施工现场临时消防用水量和干管内水流计算速度进行计算确定，且不应小于$DN100$。

（3）室外消火栓应沿在建工程、临时用房及可燃材料堆场及其加工场均匀布置，距在建工程、临时用房及可燃材料堆场及其加工场的外边线不应小于5m。

（4）消火栓的间距不应大于120m。

（5）消火栓的最大保护半径不应大于150m。

2. 临时室内消防给水系统

建筑高度大于24m或单体体积超过$30000m^3$的在建工程，重要的及施工面积较大（超过施工现场内临时消火栓保护范围）的工程，均应设置临时室内消防给水系统。在建工程的临时室内消防用水量不应小于表8-6的规定。

在建工程的临时室内消防用水量　　　　表 8-6

建筑高度、在建工程体积（单体）	火灾延续时间（h）	消火栓用水量（L/s）	每支水枪最小流量（L/s）
24m＜建筑高度≤50m 或 30000m³＜体积≤50000m³	1	10	5
建筑高度＞50m 或体积＞50000m³	1	15	5

在建工程临时室内消防给水系统的设置应符合下列要求：

(1) 消防竖管的设置位置应便于消防人员操作，其数量不应少于 2 根，随施工层延伸，当结构封顶时，应将消防竖管设置成环状。

(2) 消防竖管的管径应根据在建工程临时消防用水量、竖管内水流计算速度进行计算确定，且不应小于 $DN100$。

(3) 在建工程各结构层均应在位置明显且易于操作的部位设置室内消火栓接口及消防软管接口。间距为多层建筑不大于 50m，高层建筑不大于 30m。消火栓接口的前端应设置截止阀。

(4) 设置室内消防给水系统的在建工程，应设消防水泵接合器。消防水泵接合器应设置在室外便于消防车取水的部位，与室外消火栓或消防水池取水口的距离宜为 15～40m。

(5) 在建工程结构施工完毕的每层楼梯处，应设置消防水枪、水带及软管，且每个设置点不少于 2 套。

施工现场临时消防给水系统应与施工现场生产、生活给水系统合并设置，但应设置将生产、生活用水转为消防用水的应急阀门。应急阀门不应超过 2 个，且应设置在易于操作的场所，并设置明显标识。

高度超过 100m 的在建工程，应在适当楼层增设临时中转水池及加压水泵。中转水池的有效容积不应小于 10m³，上下两个中转水池的高差不宜超过 100m。

临时消防给水系统的给水压力应满足消防水枪充实水柱长度不小于 10m 的要求；给水压力不能满足要求时，应设置消火栓泵，消火栓泵不应少于 2 台，且应互为备用；消火栓泵宜设置自动启动装置。

当外部消防水源不能满足施工现场的临时消防用水量要求时，应在施工现场设置临时贮水池。临时贮水池宜设置在便于消防车取水的部位，其有效容积不应小于施工现场火灾延续时间内一次灭火的全部消防用水量。

临时消防给水系统的贮水池、消火栓泵、室内消防竖管及水泵接合器等，应设有醒目标识。

施工现场的消火栓泵应采用专用消防配电线路。专用消防配电线路应自施工现场总配电箱的总断路器上端接入，且应保持不间断供电。

8.3.2 临时消火栓布置

1. 工程内临时消火栓应分设于各层明显且便于使用的地点，并保证消火栓的充实水柱能到达工程内任何部位。使用时栓口离地面1.2m,出水方向宜与墙壁成90°角。

2. 消火栓口径应为65mm,配备的水带每节长度不宜超过20m,水枪喷嘴口径不小于19mm。每个消火栓处宜设启动消防水泵的按钮。

3. 室外消火栓应沿消防车道或堆料场内交通道路的边缘设置,消火栓之间的距离不应大于120m。周围3m之内禁止堆物。

8.3.3 灭火器

施工现场临时设施,应配置足够的灭火器。

1. 下列场所应配置灭火器:

(1) 易燃易爆危险品存放及使用场所。

(2) 动火作业场所。

(3) 可燃材料存放、加工及使用场所。

(4) 厨房操作间、锅炉房、发电机房、变配电房、设备用房、办公用房、宿舍等临时用房。

(5) 其他具有火灾危险的场所。

2. 施工现场灭火器配置应符合下列规定:

(1) 灭火器的类型应与配备场所可能发生的火灾类型相匹配。

(2) 灭火器的最低配置标准应符合表8-7的规定。

(3) 灭火器的配置数量应按照《建筑灭火器配置设计规范》GB 50140 经计算确定,且每个场所的灭火器数量不应少于2具。

(4) 灭火器的最大保护距离应符合表8-8的规定。

灭火器最低配置标准　　　　　　　　　　　　表8-7

项目	固体物质火灾		液体或可熔化固体物质火灾、气体火灾	
	单具灭火器最小灭火级别	单位灭火级别最大保护面积 m²/A	单具灭火器最小灭火级别	单位灭火级别最大保护面积 m²/B
易燃易爆危险品存放及使用场所	3A	50	89B	0.5
固定动火作业场	3A	50	89B	0.5
临时动火作业点	2A	50	55B	0.5
可燃材料存放、加工及使用场所	2A	75	55B	1.0
厨房操作间、锅炉房	2A	75	55B	1.0
自备发电机房	2A	75	55B	1.0
变、配电房	2A	75	55B	1.0
办公用房、宿舍	1A	100	—	—

注:表中A:A类火灾,指含碳固体可燃物火灾 如木材,棉,毛,麻,纸张等;
B:B类火灾,指甲乙丙类液体火灾 如汽油,柴油,乙醇等。

灭火器的最大保护距离（m）　　　　　　　　　　　　　表 8-8

灭火器配置场所	固体物质火灾	液体或可熔化固体物质火灾、气体类火灾
易燃易爆危险品存放及使用场所	15	9
固定动火作业场	15	9
临时动火作业点	10	6
可燃材料存放、加工及使用场所	20	12
厨房操作间、锅炉房	20	12
发电机房、变配电房	20	12
办公用房、宿舍等	25	—

3. 灭火器的设置

（1）灭火器应设置在明显的地点，如房间出入口、通道、走廊、门厅及楼梯等部位。

（2）灭火器的铭牌必须朝外，以方便人们直接看到灭火器的主要性能指标。

（3）手提式灭火器设置在挂钩、托架上或灭火器箱内，其顶部离地面高度应小于1.5m，底部离地面高度不宜小于 0.15m。其目的是便于人们对灭火器进行保管和维护；让扑救人能安全方便取用；防止潮湿的地面对灭火器的影响和便于平时打扫卫生。

（4）设置在挂钩、托架上或灭火器箱内的手提式灭火器要竖直向上设置。

（5）对于那些环境条件较好的场所，手提式灭火器可直接放在地面上。

（6）对于设置在灭火器箱内的手提式灭火器，可直接放在灭火器箱的底面上，但灭火器箱离地面高度不宜小于 0.15m。

8.4　施工现场防火安全管理

8.4.1　施工现场防火基本要求

1. 施工现场的消防工作，应遵照国家有关法律、法规开展消防安全工作。

2. 施工单位的负责人应全面负责施工现场的防火安全工作，履行《中华人民共和国消防条例实施细则》第十九条规定的九项主要职责。

实行施工总承包的，由总承包单位负责。分包单位应向总承包单位负责，并应服从总承包单位的管理，同时应承担国家法律、法规规定的消防责任和义务。

3. 施工现场都要建立健全防火检查制度，发现火险隐患，必须立即消除；一时难以消除的隐患，要定人员、定项目、定措施限期整改。

4. 施工现场要有明显的防火宣传标志。施工现场的义务消防人员，要定期组织教育培训，并将培训资料存入内业档案中。

5. 施工现场发生火警或火灾，应立即报告公安消防部门，并组织力量扑救。

6. 根据"四不放过"的原则，在火灾事故发生后，施工单位和建设单位应共同做好现场保护和会同消防部门进行现场勘察的工作。对火灾事故的处理提出建议，并积极落实防范措施。

7. 施工单位在承建工程项目签订的《工程合同》中，必须有防火安全的内容，会同建设单位搞好防火工作。

8. 各单位在编制施工组织设计时，施工总平面图，施工方法和施工技术均要符合消防安全要求。

9. 施工现场必须配备足够的消防器材，做到布局合理。要害部位应配备不少于4具的灭火器，要有明显的防火标志，指定专人经常检查、维护、保养、定期更新，保证灭火器材灵敏有效。

10. 施工现场夜间应有照明设备，并要安排力量加强值班巡逻。

11. 施工现场必须设置临时消防车道。其宽度不得小于4m，并保证临时消防车道的畅通，禁止在临时消防车道上堆物、堆料或挤占临时消防车道。

12. 施工现场的重点防火部位或区域，应设置防火警示标识。

13. 临时消防车道、临时疏散通道、安全出口应保持畅通，不得遮挡、挪动疏散指示标识，不得挪用消防设施。

14. 施工单位应做好施工现场临时消防设施的日常维护工作，对已失效、损坏或丢失的消防设施，应及时更换、修复或补充。

15. 施工材料的存放、使用应符合防火要求。库房应采用非燃材料支搭。易燃易爆物品必须有严格的防火措施，应专库储存，分类单独存放，保持通风，配备灭火器材，指定防火负责人，确保施工安全。不准在工程内、库房内调配油漆、稀料。

16. 不准在高压架空线下面搭设临时性建筑物或堆放可燃物品。

17. 在建工程内不准作为仓库使用，不准存放易燃、可燃材料，不得设置宿舍。

18. 因施工需要进入工程内的可燃材料，要根据工程计划限量进入并采取可靠的防火措施。废弃材料应及时清除。

19. 从事油漆粉刷或防水等危险作业时，要有具体的防火要求，必要时派专人看护。

20. 施工现场严禁吸烟。

21. 施工现场和生活区，未经保卫部门批准不得使用电热器具。严禁工程中明火保温施工及宿舍内明火取暖。

22. 生活区的设置必须符合消防管理规定，严禁使用可燃材料搭设。

23. 生活区的用电要符合防火规定。用火要经保卫部门审批，食堂使用的燃料必须符合使用规定；用火点和燃料不能在同一房间内，使用时要有专人管理，停火时要将总开关关闭，经常检查有无泄漏。

24. 施工现场应明确划分用火作业，易燃可燃材料堆场、仓库、易燃废品集中站和生活区等区域。

8.4.2 消防安全管理制度

施工单位应针对施工现场可能导致火灾发生的施工作业及其他活动，制定消防安全管理制度。消防安全管理制度应包括下列主要内容：

1. 消防安全教育与培训制度

施工人员进场前，施工现场的消防安全管理人员应向施工人员进行消防安全教育和培训。防火安全教育和培训应包括下列内容：

（1）施工现场消防安全管理制度、防火技术方案、灭火及应急疏散预案的主要内容。

(2) 施工现场临时消防设施的性能及使用、维护方法。

(3) 扑灭初起火灾及自救逃生的知识和技能。

(4) 报火警、接警的程序和方法。

施工单位编制的施工现场防火技术方案，应根据现场情况变化及时对其修改、完善。防火技术方案应包括下列主要内容：

(1) 施工现场重大火灾危险源辨识。

(2) 施工现场防火技术措施。

(3) 临时消防设施、临时疏散设施配备。

(4) 临时消防设施和消防警示标识布置图。

施工作业前，施工现场的施工管理人员应向作业人员进行消防安全技术交底。消防安全技术交底应包括下列主要内容：

(1) 施工过程中可能发生火灾的部位或环节。

(2) 施工过程应采取的防火措施及应配备的临时消防设施。

(3) 初起火灾的扑救方法及注意事项。

(4) 逃生方法及路线。

2. 可燃及易燃易爆危险品管理制度

(1) 用于在建工程的保温、防水、装饰及防腐等材料的燃烧性能等级应符合设计要求。

(2) 可燃材料及易燃易爆危险品应按计划限量进场。进场后，可燃材料宜存放于库房内，如露天存放时，应分类成垛堆放，垛高不应超过 2m，单垛体积不应超过 50m³，垛与垛之间的最小间距不应小于 2m，且采用不燃或难燃材料覆盖；易燃易爆危险品应分类专库储存，库房内通风良好，并设置严禁明火标志。

(3) 室内使用油漆及其有机溶剂、乙二胺、冷底子油或其他可燃、易燃易爆危险品的物资作业时，应保持良好通风，作业场所严禁明火，并应避免产生静电。

(4) 施工产生的可燃、易燃建筑垃圾或余料，应及时清理。

3. 用火、用电、用气管理制度

(1) 施工现场用火，应符合下列要求：

1) 动火作业应办理动火许可证

施工现场的动火作业，必须根据不同等级执行审批制度。动火许可证的签发人收到动火申请后，应前往现场查验并确认动火作业的防火措施落实后，方可签发动火许可证。用火地点变换，要重新办理用火证手续。

① 一级动火作业应由所在单位行政负责人填写动火申请表，编制安全技术措施方案，报公司安全部门审查批准后，方可动火。动火期限为 1 天。

凡属下列情况之一的属一级动火作业：

A. 禁火区域内。

B. 油罐、油箱、油槽车和贮存过可燃气体、易燃气体的容器以及连接在一起的辅助设备。

C. 各种受压设备。

D. 危险性较大的登高焊、割作业。

E. 比较密封的室内、容器内、地下室等场所。

　　F. 堆有大量可燃和易燃物质的场所。

　② 二级动火作业由所在工地负责人填写动火申请表，编制安全技术措施方案，报本单位主管部门审查批准后，方可动火。动火期限为3天。

　凡属下列情况之一的属二级动火作业：

　　A. 在具有一定危险因素的非禁火区域内进行临时焊、割等作业。

　　B. 小型油箱等容器。

　　C. 登高焊、割作业。

　③ 三级动火作业由所在班组填写动火申请表，经工地负责人审查批准后，方可动火。动火期限为7天。在非固定的、无明显危险因素的场所进行用火作业，均属三级动火作业。

　④ 古建筑和重要文物单位等场所作业，按一级动火手续上报审批。

　2) 动火操作人员应具有相应资格

　电焊工、气焊工从事电气设备安装和电、气焊切割作业，要有操作证和用火证。

　3) 焊接、切割、烘烤或加热等动火作业前，应对作业现场的易燃、可燃物进行清理；作业现场及其附近无法移走的可燃物，应采用不燃材料对其覆盖或隔离。

　4) 施工作业安排时，宜将动火作业安排在使用可燃建筑材料的施工作业前进行。确需在使用可燃建筑材料的施工作业之后进行动火作业，应采取可靠防火措施。

　5) 裸露的可燃材料上严禁直接进行动火作业。

　6) 焊接、切割、烘烤或加热等动火作业，应配备灭火器材，并设动火监护人进行现场监护，每个动火作业点均应设置一个监护人。

　7) 五级（含五级）以上风力时，应停止焊接、切割等室外动火作业，否则应采取可靠的挡风措施。

　8) 动火作业后，应对现场进行检查，确认无火灾危险后，动火操作人员方可离开。

　9) 具有火灾、爆炸危险的场所严禁明火。

　10) 施工现场不应采用明火取暖。

　11) 厨房操作间炉灶使用完毕后，应将炉火熄灭，排油烟机及油烟管道应定期清理油垢。

　（2）施工现场用电，应符合下列要求：

　施工现场用电，应严格执行有关《施工现场电气安全管理规定》，加强电源管理，防止发生电气火灾。施工现场存放易燃、可燃材料的库房、木工加工场所、油漆配料房及防水作业场所不得使用明露高热强光源灯具。

　1) 施工现场供用电设施的设计、施工、运行、维护应符合现行国家标准《建设工程施工现场供用电安全规范》GB 50194 的要求。

　2) 电气线路应具有相应的绝缘强度和机械强度，严禁使用绝缘老化或失去绝缘性能的电气线路，严禁在电气线路上悬挂物品。破损、烧焦的插座、插头应及时更换。

　3) 电气设备与可燃、易燃易爆和腐蚀性物品应保持一定的安全距离。

　4) 有爆炸和火灾危险的场所，按危险场所等级选用相应的电气设备。

　5) 配电屏上每个电气回路应设置漏电保护器、过载保护器，距配电屏2m范围内不应堆放可燃物，5m 范围内不应设置可能产生较多易燃、易爆气体、粉尘的作业区。

6）可燃材料库房不应使用高热灯具，易燃易爆危险品库房内应使用防爆灯具。

7）普通灯具与易燃物距离不宜小于 300mm；聚光灯、碘钨灯等高热灯具与易燃物距离不宜小于 500mm。

8）电气设备不应超负荷运行或带故障使用。

9）禁止私自改装现场供用电设施。

10）应定期对电气设备和线路的运行及维护情况进行检查。

（3）施工现场用气，应符合下列要求：

1）储装气体的罐瓶及其附件应合格、完好和有效；严禁使用减压器及其他附件缺损的氧气瓶，严禁使用乙炔专用减压器、回火防止器及其他附件缺损的乙炔瓶。

2）气瓶运输、存放、使用时，应符合下列规定。

① 气瓶应保持直立状态，并采取防倾倒措施，乙炔瓶严禁横躺卧放。

② 严禁碰撞、敲打、抛掷、滚动气瓶。

③ 气瓶应远离火源，距火源距离不应小于 10m，并应采取避免高温和防止暴晒的措施。

④ 燃气储装瓶罐应设置防静电装置。

3）气瓶应分类储存，库房内通风良好；空瓶和实瓶同库存放时，应分开放置，两者间距不应小于 1.5m。

4）气瓶使用时，应符合下列规定：

① 使用前，应检查气瓶及气瓶附件的完好性，检查连接气路的气密性，并采取避免气体泄漏的措施，严禁使用已老化的橡皮气管。

② 氧气瓶与乙炔瓶的工作间距不应小于 5m，气瓶与明火作业点的距离不应小于 10m。

③ 冬季使用气瓶，如气瓶的瓶阀、减压器等发生冻结，严禁用火烘烤或用铁器敲击瓶阀，禁止猛拧减压器的调节螺丝。

④ 氧气瓶内剩余气体的压力不应小于 0.1MPa。

⑤ 气瓶用后，应及时归库。

4. 消防安全检查制度

施工过程中，施工现场的消防安全负责人应定期组织消防安全管理人员对施工现场的消防安全进行检查。消防安全检查应包括下列主要内容：

（1）可燃物及易燃易爆危险品的管理是否落实。

（2）动火作业的防火措施是否落实。

（3）用火、用电、用气是否存在违章操作。

（4）电、气焊及保温防水施工是否执行操作规程。

（5）临时消防设施是否完好有效。

（6）临时消防车道及临时疏散设施是否畅通。

（7）火险隐患整改情况。

（8）检查各级防火责任制、岗位责任制、八大工种责任书和各项防火安全制度执行情况。

(9) 检查十项标准是否落实，基础管理是否健全，防火档案资料是否齐全，发生事故是否按"四不放过"原则进行处理。

(10) 检查防火安全宣传教育，外包工管理等情况。

5. 应急预案演练制度

施工单位应编制施工现场灭火及应急疏散预案。灭火及应急疏散预案应包括下列主要内容：

(1) 应急灭火处置机构及各级人员应急处置职责。

(2) 报警、接警处置的程序和通讯联络的方式。

(3) 扑救初起火灾的程序和措施。

(4) 应急疏散及救援的程序和措施。

8.4.3 重点部位的防火要求

1. 易燃仓库的防火要求

(1) 易着火的仓库应设在水源充足、消防车能驶到的地方，并应设在下风方向。

(2) 可燃材料及易燃易爆危险品应按计划限量进场。进场后，可燃材料宜存放于库房内，如露天存放时，应分类成垛堆放，垛高不应超过2m，单垛体积不应超过50m³，垛与垛之间的最小间距不应小于2m，且采用不燃或难燃材料覆盖。

易燃露天仓库四周内，应有宽度不小于6m的平坦空地作为消防通道，通道上禁止堆放障碍物。

(3) 易燃仓库堆料场与其他建筑物、铁路、道路、架高电线的防火间距，应按现行《建筑设计防火规范》的有关规定执行。

(4) 易燃易爆危险品应分类专库储存，库房内应保持通风良好，并设置严禁明火标志。还应经常进行防火安全检查。

(5) 贮量大的易燃仓库，应设两个以上的大门，并应将生活区、生活辅助区和堆场分开布置。

(6) 仓库或堆料场内一般应使用地下电缆，若有困难需设置架空电力线时，架空电力线与露天易燃物堆垛的最小水平距离，不应小于电杆高度的1.5倍。

(7) 仓库或堆料场所使用的照明灯与易燃堆垛间至少应保持1m的距离。

(8) 安装的开关箱、接线盒，应距离堆垛外缘不小于1.5m，不准乱拉临时电气线路。

(9) 仓库或堆料场严禁使用碘钨灯，以防电气设备起火。

(10) 对仓库或堆料场内的电气设备，应经常检查维修和管理，贮存大量易燃品的仓库场地应设置独立的避雷装置。

2. 电焊、气割场所的防火要求

(1) 一般要求

1) 焊、割作业点与氧气瓶、电石桶和乙炔发生器等危险物品的距离不得少于10m，与易燃易爆物品的距离不得少于30m。

2) 气瓶应保持直立状态，并采取防倾倒措施，乙炔瓶严禁横躺卧放。严禁碰撞、敲打、抛掷、滚动气瓶。

乙炔发生器和氧气瓶之间的存放距离不得少于2m，使用时两者的距离不得少于5m。

3）氧气瓶、乙炔发生器等焊割设备上的安全附件应完整而有效，否则严禁使用。

4）施工现场的焊、割作业，必须符合防火要求，严格执行"十不烧"规定。

(2) 乙炔站的防火要求

1）乙炔属于甲类易燃易爆物品，乙炔站的建筑物应采用一、二级耐火等级，一般应为单层建筑，与有明火的操作场所应保持30～50m间距。

2）乙炔站泄压面积与乙炔站容积的比值应采用$0.05～0.22m^2/m^3$。房间和乙炔发生器操作平台应有安全出口，应安装百叶窗和出气口，门应向外开启。

3）乙炔房与其他建筑物和临时设施的防火间距，应符合现行《建筑设计防火规范》的要求。

4）乙炔房宜采用不发生火花的地面，金属平台应铺设橡皮垫层。

5）有乙炔爆炸危险的房间与无爆炸危险的房间（更衣室、值班室），不能直通。

6）乙炔生产厂房应采用防爆型的电器设备，并在顶部开自然通风窗口。

7）操作人员不应穿着带铁钉的鞋及易产生静电的服装。

(3) 电石库的防火要求

1）电石库属于甲类物品储存仓库。电石库的建筑应采用一、二级耐火等级。

2）电石库应建在长年风向的下风方向，与其他建筑及临时设施的防火间距，应符合现行《建筑设计防火规范》的要求。

3）电石库不应建在低洼处，库内地面应高于库外地面220cm，同时不能采用易发火花的地面，可用木板或橡胶等铺垫。

4）电石库应保持干燥、通风，不漏雨水。

5）电石库的照明设备应采用防爆型，应使用不发火花型的开启工具。

6）电石渣及粉末应随时进行清扫。

3. 油漆料库与调料间的防火要求

(1) 油漆料库与调料间应分开设置，油漆料库和调料应与散发火花的场所保持一定的防火间距。

(2) 性质相抵触、灭火方法不同的品种，应分库存放。

(3) 涂料和稀释剂的存放和管理，应符合《仓库防火安全管理规则》的要求。

(4) 调料间应有良好的通风，并应采用防爆电器设备，室内禁止一切火源。调料间不能兼做更衣室和休息室。

(5) 调料人员应穿不易产生静电的工作服，不带钉子的鞋。使用开启涂料和稀释剂包装的工具，应采用不易产生火花型的工具。

(6) 调料人员应严格遵守操作规程，调料间内不应存放超过当日加工所用的原料。

4. 木工操作间的防火要求

(1) 操作间建筑应采用阻燃材料搭建。

(2) 操作间冬季宜采用暖气（水暖）供暖。如用火炉取暖时，必须在四周采取挡火措施；不应用燃烧劈柴、刨花代煤取暖。每个火炉都要有专人负责，下班时要将余火彻底熄灭。

(3) 电气设备的安装要符合要求。抛光、电锯等部位的电气设备应采用密封式或防爆式。刨花、锯末较多部位的电动机，应安装防尘罩。

(4) 操作间内严禁吸烟和用明火作业。

(5) 操作间只能存放当班的用料，成品及半成品要及时运走。木工应做到活完场地清，刨花、锯末每班都打扫干净，倒在指定地点。

(6) 严格遵守操作规程，对旧木料一定要经过检查，起出铁钉等金属后，方可上锯锯料。

(7) 配电盘、刀闸下方不能堆放成品、半成品及废料。

(8) 工作完毕应拉闸断电，并经检查确无火险后方可离开。

5. 地下工程施工的防火要求

地下工程施工中除了遵守正常施工中的各项防火安全管理制度和要求，还应遵守以下防火安全要求：

(1) 施工现场的临时电源线不宜直接敷设在墙壁或土墙上，应用绝缘材料架空安装。配电箱应采取防水措施，潮湿地段或渗水部位照明灯具应采取相应措施或安装防潮灯具。

(2) 施工现场应有不少于两个出入口或坡道，施工距离长应适当增加出入口的数量。施工区面积不超过 $50m^2$，且施工人员不超过 20 人时，可只设一个直通地上的安全出口。

(3) 安全出入口、疏散走道和楼梯的宽度应按其通过人数每 100 人不小于 1m 的净宽计算。每个出入口的疏散人数不宜超过 250 人。安全出入口、疏散走道、楼梯的最小净宽不应小于 1m。

(4) 疏散走道、楼梯及坡道内，不宜设置凸出物或堆放施工材料和机具。

(5) 疏散走道、安全出入口、疏散马道（楼梯）、操作区域等部位，应设置火灾事故照明灯。火灾事故照明灯在上述部位的最低照度应不低于5lx（勒克斯）。

(6) 疏散走道及其交叉口、拐弯处、安全出口处应设置疏散指示标志灯。疏散指示标志灯的间距不易过大，距地面高度应为 1～1.2m，标志灯正前方 0.5m 处的地面照度不应低于1lx。

(7) 火灾事故照明灯和疏散指示灯工作电源断电后，应能自动投合。

(8) 地下工程施工区域应设置消防给水管道和消火栓，消防给水管道可以与施工用水管道合用。特殊地下工程不能设置消用水时，应配备足够数量的轻便消防器材。

(9) 地下工程的施工作业场所宜配备防毒面具。

(10) 大面积油漆粉刷和喷漆应在地面施工，局部的粉刷可在地下工程内部进行，但一次粉刷的量不宜过多，同时在粉刷区域内禁止一切火源，加强通风。

(11) 禁止中压式乙炔发生器在地下工程内部使用及存放。

(12) 应备有通讯报警装置，便于及时报告险情。

(13) 制定应急的疏散计划。

8.4.4 季节性防火要求

1. 冬季施工的防火要求

(1) 强化冬季防火安全教育，提高全体员工的防火意识。对全体员工进行冬季施工的防火安全教育是做好冬季施工防火安全工作的关键。只有人人重视防火工作，处处想着防火工作，在做每一件工作时都与防火工作相联系，不断提高全体员工防火意识，冬季施工防火工作才有保证。

(2) 供暖锅炉房及操作人员的防火要求

① 供暖锅炉房应符合下列要求：

A. 锅炉房宜建造在施工现场的下风方向，远离在建工程、易燃可燃建筑、露天可燃材料堆场、料库等。

B. 锅炉房应不低于二级耐火等级，锅炉房的门应向外开启，锅炉正面与墙的距离应不小于 3m，锅炉与锅炉之间的距离不小于 1m。

C. 锅炉房应有适当通风和采光，锅炉上的安全设备应有良好照明。

D. 锅炉烟道和烟囱与可燃物应保持一定的距离。金属烟囱距可燃结构不小于 100cm；距已做防火保护层的可燃结构不小于 70cm。砖砌的烟囱和烟道其内表面距可燃结构不小于 50cm，其外表面不小于 10cm。未采取消烟除尘措施的锅炉，其烟囱应设防火星帽。

② 司炉工的要求：

A. 严格值班检查制度，锅炉开火以后，司炉人员不准离开工作岗位，值班时间绝不允许睡觉或做无关的事。司炉人员下班时，须向下一班作好交接班，并记录锅炉运行情况。

B. 严格执行操作程序、杜绝违章操作。炉灰倒在指定地点，注意不能带余火倒灰，随时观察水温及水位，禁止使用易燃、可燃液体点火。

(3) 火炉安装与使用的防火要求

冬季施工的加热采暖方法，应尽量使用暖气，如果用火炉，必须事先提出方案和防火措施，经消防保卫部门同意后方能开火。但在油漆、喷漆、油漆调料间、木工房、料库及使用高分子装修材料的装修阶段，禁止用火炉采暖。

1) 各种金属与砖砌火炉，必须完整良好，不得有裂缝，各种金属火炉与楼板支柱、斜撑、拉杆等可燃物和易燃保温材料的距离不得小于 1m，已做保护层的火炉距可燃物的距离不得小于 70cm。各种砖砌火炉壁厚不得小于 30cm。在没有烟囱的火炉上方不得有拉杆、斜撑等可燃物，必要时须架设铁板等非燃材料隔热，其隔热板应比炉顶外围的每一边多出 15cm 以上。

2) 在木地板上安装火炉，必须设置炉盘，有脚的火炉炉盘厚度不得小于 12cm，无脚的火炉炉盘厚度不得小于 18cm。炉盘应伸出炉门前 50cm，伸出炉后左右各 15cm。各种火炉应根据需要设置高出炉身的火挡。

3) 金属烟囱一节插入另一节的尺寸不得小于烟囱的半径，衔接地方要牢固。各种金属烟囱与板壁、支柱、模板等可燃物的距离不得小于 30cm。距已做保护层的可燃物不得小于 15cm。各种小型加热火炉的金属烟囱穿过板壁、窗户、挡风墙、暖棚等必须设铁板，从烟囱周边到铁板的尺寸不得小于 5cm。

4) 各种火炉的炉身、烟囱和烟囱出口等部分与电源线和电气设备应保持 50cm 以上的距离。

5) 火炉由受过安全消防常识教育的人看守。移动各种加热火炉时，先将火熄灭后方准移动。掏出的炉灰必须随时用水浇灭后倒在指定地点。不准在火炉上熬炼油料、烘烤易燃物品。工程的每层都应配备灭火器材。

(4) 易燃、可燃材料的防火要求

冬季施工中，国家级重点工程、地区级重点工程、高层建筑工程及起火后不易扑救的工程，禁止使用可燃材料作为保温材料，应采用不燃或难燃材料进行保温。一般工程可采用可燃材料进行保温，但必须严格进行管理。

1) 使用可燃材料进行保温的工程，必须设专人进行监护、巡逻检查。人员的数量应根据使用可燃材料的数量、保温的面积而定。

2) 合理安排施工工序及网络图，一般是将用火作业安排在前，保温材料安排在后。

3) 保温材料定位后，禁止一切用火、用电作业，特别是下层进行保温作业，上层进行用火、用电作业。

4) 照明线路、照明灯具应远离可燃的保温材料。

5) 保温材料使用完以后，要随时进行清理，集中进行存放保管。

6) 消防器材的保温防冻工作

① (北方) 冬季施工工地，应尽量安装地下消火栓，在入冬前应进行一次试水，加少量润滑油，消火栓用草帘、锯木等覆盖，做好保温工作，以防冻结。及时扫除消火栓上的积雪，以免雪化后将消火栓井盖冻住。

② 高层临时消防竖管应进行保温或将水放空。消防水泵内应考虑采暖措施，以免冻结。

③ 入冬前，做好消防水池的保温防冻工作。随时进行检查，发现冻结时应进行破冻处理。一般方法是在水池上盖上木板，木板上再盖上不小于 40～50cm 厚的稻草、锯末等。

④ 入冬前应将泡沫灭火器、清水灭火器等轻便消防器材放入有采暖的地方，并套上保温套。

2. 雨季和夏季施工的防火要求

(1) 雨季施工中电气设备的防火要求

1) 雨季施工到来之前，应对每个配电箱、用电设备进行一次检查，并采取相应的防雨措施，防止因短路造成起火事故。

2) 在雨季要随时检查有树木地方电线的情况，及时改变线路的方向或砍掉离电线过近的树枝。

(2) 防雷设施的要求

1) 油库、易燃易爆物品库房、塔式起重机、卷扬机架、脚手架、在建的高层建筑工程等部位及设施都应安装避雷设施。

2) 防止雷击的方法是安装避雷装置，其基本原理是将雷电引入大地而消失以达到防雷的目的。所安装的避雷装置必须能保护住受保护的部位或设施。避雷装置三个组成部分必须符合规定，接地电阻不应大于规定的欧姆数值。

3) 每年雨季之前，应对避雷装置进行一次全面检查，并用仪器进行摇测，发现问题及时解决，使避雷装置处于良好状态。

(3) 雨季施工中对易燃、易爆物品的防火要求

1) 电石、乙炔气瓶、氧气瓶、易燃液体等应在库内或棚内存放，禁止露天存放，防止因受雷雨、日晒发生起火事故。

2) 生石灰、石灰粉的堆放应远离可燃材料，防止因受潮或雨淋产生高热，引起周围可燃材料起火。

9　季节性施工

本章要点：季节性施工的一般知识，季节性施工应注意的安全问题。冬期施工、雨期施工及相应的安全技术措施和气象知识。季节性施工的安全技术措施。雨雪、严寒、酷暑、雷暴、大风对安全工作的影响。

一般来讲,季节性施工主要指雨期施工和冬期施工。

雨期施工,应当采取措施防雨、防雷击,组织好排水。同时,注意做好防止触电和坑槽坍塌,沿河流域的工地做好防洪准备,傍山的施工现场做好防滑坡塌方措施,脚手架、塔式起重机等应做好防强风措施。

冬期施工,气温低,宜结露结冰、天气宜干燥,作业人员操作不灵活,作业场所应采取措施防滑、防冻,生活办公场所应当采取措施防火和防煤气中毒。

另外,春秋季天气干燥、风大,应注意做好防火、防风措施;还应注意季节性饮食卫生,如夏秋季节防止腹泻等流行疾病。任何季节遇6级(含6级)以上强风、大雪、浓雾等恶劣气候,严禁露天起重吊装和高处作业。

9.1 雨 期 施 工

9.1.1 气象知识

1. 雨量

它是用积水的高度来表示的,即假定所下的雨既不流到别处,又不蒸发,也不渗到土里,其所积累的高度。一天雨量的多少称为降水强度。降水强度的划分按照降水强度的大小划分为小雨、中雨、大雨、暴雨等6个等级。降雨等级见表9-1。

降雨等级表　　　　　表9-1

降雨等级	现象描述	降雨量范围(mm)	
		一天总量	半天总量
小雨	雨能使地面潮湿,但不泥泞	1~10	0.2~5.0
中雨	雨降到屋面上有淅淅声,凹地积水	10~25	5.1~15.0
大雨	降雨如倾盆,落地四溅,平地积水	25~50	15.1~30.0
暴雨	降雨比大雨还猛,能造成山洪暴发	50~100	30.1~70.0
大暴雨	降雨比暴雨还大,或时间长,能造成洪涝灾害	100~200	70.1~140.0
特大暴雨	降雨比大暴雨还大,能造成洪涝灾害	>200	>140.0

2. 风级

风通常用风向和风速(风力和风级)来表示。风速是指气流在单位时间内移动的距离,用米/秒表示。目前世界气象组织所建议的分级,也是我国天气预报用以表达风力强弱的标准,见表9-2。

风　级　表　　　　　表9-2

风力名称		海岸及路地面象征标准		相当风速(m/s)
风级	概况	陆地	海岸	
0	无风	静,烟直上	海面平静	0~0.2
1	软风	烟能表示方向,但风向不能转动	渔船不动	0.3~1.5

续表

风力名称		海岸及路地面象征标准		相当风速 (m/s)
风级	概况	陆地	海岸	
2	轻风	人面感觉有风,树叶微响,寻常的风向标转动	渔船张帆时,可随风行走	1.6～3.3
3	微风	树叶及微枝摇动不息,旌旗展开	渔船渐感颠动	3.4～5.4
4	和风	能吹起地面灰尘和纸张,树的小枝摇动	渔船满帆,倾于一方	5.5～7.9
5	清风	小树摇摆	水面起波	8.0～10.7
6	强风	大树枝摇动,电线呼呼有声,举伞有困难	渔船加倍缩帆,捕鱼注意危险	10.8～13.8
7	疾风	大树摇动,迎风步行感觉不便	渔船停息港中,去海外下锚	13.9～17.1
8	大风	树枝折断,迎风行走阻力很大	近港渔船均停留不出	17.2～20.7
9	烈风	烟囱和平屋顶受到破坏	汽船航行困难	20.8～24.4
10	狂风	陆上少见,可拔树毁屋	汽船航行较危险	24.5～28.4
11	暴风	陆上很少见,有则必受重大损坏	汽船遇之极危险	28.5～32.6
12	飓风	陆上绝少,其摧毁力极大	海浪滔天	>32.6

3. 雷击

雷是一种大气放电现象。如果雷云较低,周围又没有带异性电荷的雷云,就会在地面凸出物上感应异性电荷,两者空隙间产生了巨大电场,当电场达到一定强度,间隙内空气剧烈游离,造成雷云与地面凸出物之间放电,这就是通常所说的雷击。雷击可产生数百万伏的冲击电压,主放电时间极短,约为50～100m/s,其电流极大可达数十万安培,能对施工现场的建(构)筑物、机械设备、电气和脚手架等高架设施以及人身造成严重的伤害,造成大规模的停电、短路及火灾等事故。

9.1.2 雨期施工的准备工作

由于雨期(汛期)施工持续时间较长,而且大雨、大风等恶劣天气具有突然性,因此应认真编制好雨期(汛期)施工的安全技术措施,做好雨期(汛期)施工的各项准备工作。

1. 合理组织施工

根据雨期施工的特点,将不宜在雨期施工的工程提早或延后安排,对必须在雨期施工的工程制定有效的措施。晴天抓紧室外作业,雨天安排室内工作。注意天气预报,做好防汛准备。遇到大雨、大雾、雷击和6级以上大风等恶劣天气,应当停止进行露天高处、起重吊装和打桩等作业。暑期作业应当调整作息时间,从事高温作业的场所应当采取通风和降温措施。

2. 做好施工现场的排水

(1)施工现场应按标准实现现场硬化处理。

(2)根据施工总平面图、排水总平面图,利用自然地形确定排水方向,按规定坡度挖好排水沟,确保施工工地排水畅通。

(3) 应严格按防汛要求,设置连续、通畅的排水设施和其他应急设施,防止泥浆、污水、废水外流或堵塞下水道和排水河沟。

(4) 若施工现场临近高地,应在高地的边缘(现场的上侧)挖好截水沟,防止洪水冲入现场。

(5) 雨期前应做好傍山的施工现场边缘的危石处理,防止滑坡、塌方威胁工地。

(6) 雨期应设专人负责,及时疏浚排水系统,确保施工现场排水畅通。

3. 运输道路

(1) 临时道路应起拱5‰,两侧做宽300mm、深200mm的排水沟。

(2) 对路基易受冲刷部分,应铺石块、焦渣、砾石等渗水防滑材料,或者设涵管排泄,保证路基的稳固。

(3) 雨期应指定专人负责维修路面,对路而不平或积水处应及时修好。

(4) 场区内主要道路应当硬化。

4. 临时设施

施工现场的大型临时设施,在雨期前应整修加固完毕,应保证不漏、不塌、不倒,周围不积水,严防水冲入设施内。选址要合理,避开滑坡、泥石流、山洪、坍塌等灾害地段。

9.1.3 分部分项工程雨期施工

1. 土方与地基基础工程

雨期(汛期)土方与地基基础工程的施工应采取措施重点防止各种坍塌事故。

(1) 坑、沟边上部,不得堆积过多的材料,雨期前应清除沟边多余的弃土,减轻坡顶压力。

(2) 雨期开挖基坑(槽、沟)时,应注意边坡稳定,在建筑物四周做好截水沟或挡水堤,严防场内雨水倒灌,防止塌方。

(3) 雨期雨水不断向土壤内部渗透,土壤因含水量增大,黏聚力急剧下降,土壤抗剪强度降低,易造成土方塌方。所以,凡雨水量大、持续时间长、地面土壤已饱和的情况下,要及早加强对边坡坡角、支撑等的处理。

(4) 土方应集中堆放,并堆置于坑边3m以外;堆放高度不得过高,不得靠近围墙、临时建筑;严禁使用围墙、临时建筑作为挡土墙堆放;若坑外有机械行驶,应距槽边5m以外,手推车应距槽边1m以外。

(5) 雨后应及时对坑槽沟边坡和固壁支撑结构进行检查,深基坑应当派专人进行认真测量、观察边坡情况,如果发现边坡有裂缝、疏松、支撑结构折断、走动等危险征兆,应当立即采取措施。

(6) 雨期施工中遇到气候突变,发生暴雨、水位暴涨、山洪暴发或因雨发生坡道打滑等情况时应当停止土石方机械作业施工。

(7) 雷雨天气不得露天进行电力爆破土石方,如中途遇到雷电时,应当迅速将雷管的脚线、电线主线两端连成短路。

2. 砌体工程

(1) 雨天不宜在露天砌筑墙体,对下雨当日砌筑的墙体应进行遮盖。继续施工时,应复核墙体的垂直度，如果垂直度超过允许偏差，应拆除重新砌筑。

（2）砌体结构工程使用的湿拌砂浆，除直接使用外必须储存在不吸水的专用容器内，并根据气候条件采取遮阳、保温、防雨雪等措施，砂浆在储存过程中严禁随意加水。

（3）对砖堆加以保护，确保块体湿润度不超过规定，淋雨过湿的砖不得使用，雨天及小砌块表面有浮水时，不得施工。块体湿润程度宜符合下列规定：

1）烧结类块体的相对含水率60%～70%。

2）吸水率较大的轻骨料混凝土小型空心砌块、蒸压加气混凝土砌块的相对含水率40%～50%。

（4）每天砌筑高度不得超过1.2m。

（5）砌筑砂浆应通过适配确定配合比，要根据砂的含水量变化，随时调整水灰比。适当减少稠度，过湿的砂浆不宜上墙，避免砂浆流淌。

3．钢筋工程

（1）雨天施焊应采取遮蔽措施，焊接后未冷却的接头应避免遇雨急速降温。

（2）为保护后浇带处的钢筋，在后浇带两边各砌一道120mm宽、200mm高的砖墙，上用彩条布及预制板封口，预制板上做防水层及砂浆保护层。雨后要检查基础底板后浇带，对于后浇带内的积水必须及时清理干净，避免钢筋锈蚀。

（3）钢筋机械必须设置在平整、坚实的场地上，设置机棚和排水沟，焊机必须接地，焊工必须穿戴防护衣具，以保证操作人员安全。

4．混凝土工程

（1）雨期施工期间，对水泥和掺合料应采取防水和防潮措施，并应对粗、细骨料含水率实时监测，及时调整混凝土配合比。

（2）应选用具有防雨水冲刷性能的模板脱模剂。

（3）雨期施工期间，对混凝土搅拌、运输设备和浇筑作业面应采取防雨措施，并应加强施工机械检查维修及接地接零检测工作。

（4）除采用防护措施外，小雨、中雨天气不宜进行混凝土露天浇筑，且不应开始大面积作业面的混凝土露天浇筑；大雨、暴雨天气不应进行混凝土露天浇筑。

（5）雨后应检查地基面的沉降，并应对模板及支架进行检查。

（6）应采取防止基槽或模板内积水的措施。基槽或模板内和混凝土浇筑分层面出现积水时，应在排水后再浇筑混凝土。

（7）混凝土浇筑过程中，对因雨水冲刷致使水泥浆流失严重的部位，应采取补救措施后再继续施工。

（8）浇筑板、墙、柱混凝土时，可适当减小坍落度。梁板同时浇筑时应沿次梁方向浇筑，此时如遇雨而停止施工，可将施工缝留在弯矩剪力较少处的次梁和板上，从而保证主梁的整体性。

（9）混凝土浇筑完毕后，应及时采取覆盖塑料薄膜等防雨措施。

5．钢结构工程

（1）现场应设置专门的构件堆场，满足运输车辆通行要求；场地平整；有电源、水源，排水通畅；堆场的面积满足工程进度需要，若现场不能满足要求时可设置中转场地。露天设置的堆场应对构件采取适当的覆盖措施。

（2）高强螺栓、焊条、焊丝、涂料等材料应在干燥、封闭环境下储存。

（3）雨期由于空气比较潮湿，焊条储存应防潮并进行烘烤，同一焊条重复烘烤次数不宜超过两次，并由管理人员及时做好烘烤记录。

（4）焊接作业区的相对湿度不大于90%；如焊缝部位比较潮湿，必须用干布擦净并在焊接前用氧炔焰烤干，保持接缝干燥，没有残留水分。

（5）雨天构件不能进行涂刷工作，涂装后4h内不得雨淋；风力超过5级不宜使用无气喷涂。

（6）雨天及5级以上大风不能进行屋面保温的施工。

（7）吊装时，构件上如有积水，安装前应清除干净，但不得损伤涂层，高强螺栓接头安装时，构件摩擦面应干净，不能有水珠，更不能雨淋和接触泥土及油污等脏物。

（8）如遇上大风天气，柱、主梁、支撑等大构件应立即进行校正，位置校正正确后，立即进行永久固定，以防止发生单侧失稳。当天安装的构件，应形成空间稳定体系。

6. 起重吊装工程

（1）堆放构件的地基要平整坚实，周围应做好排水。

（2）轨道塔式起重机的新垫路基，必须用压路机逐层压实，石子路基要高出周围地面150mm。

（3）应采取措施防止雨水浸泡塔式起重机路基和垂直运输设备基础，并装好防雷设施。

（4）履带式起重机在雨期吊装时，严禁在未经夯实的虚土或低洼处作业；在雨后吊装时，应先进行试吊。

（5）遇到大雨、大雾、高温、雷击和6级以上大风等恶劣天气，应当停止起重吊装作业。

（6）大风大雨后作业，应当检查起重机械设备的基础、塔身的垂直度、缆风绳和附着结构，以及安全保险装置并先试吊，确认无异常方可作业。轨道式塔式起重机，还应对轨道基础进行全面检查，检查轨距偏差、轨顶倾斜度、轨道基础沉降、钢轨不垂直度和轨道通过性能等。

7. 脚手架工程

（1）落地式钢管脚手架底应当高于自然地坪50mm，并夯实整平，留一定的散水坡度，在周围设置排水措施，防止雨水浸泡脚手架。

（2）施工层应当满铺脚手板，有可靠的防滑措施，应当设置踢脚板和防护栏杆。

（3）应当设置上人马道，马道上必须钉好防滑条。

（4）应当挂好安全网并保证有效可靠。

（5）架体应当与结构有可靠的连接。

（6）遇到大雨、大雾、高温、雷击和6级以上大风等恶劣天气，应当停止脚手架的搭设和拆除作业。

（7）大风、大雨后，要组织人员检查脚手架是否牢固，如有倾斜、下沉、松扣、崩扣和安全网脱落、开绳等现象，要及时进行处理。

（8）在雷暴季节，还要根据施工现场情况给脚手架安装避雷针。

（9）搭设钢管扣件式脚手架时，应当注意扣件开口的朝向，防止雨水进入钢管使其锈蚀。

(10) 悬挑架和附着式升降脚手架在汛期来临前要有加固措施,将架体与建筑物按照架体的高度设置连接件或拉结措施。

(11) 吊篮脚手架在汛期来临前,应予拆除。

8. 建筑装饰装修工程

(1) 中雨、大雨或五级以上大风天气,不得进行室外装饰装修工程的施工;空气相对湿度过高时应考虑合理的工序技术间歇时间。

(2) 高层建筑幕墙施工必须做好防雷保护装置。

(3) 抹灰、粘贴饰面砖、打密封胶等黏结工艺施工,尤其应保证基底或基层的含水率符合施工要求。

(4) 混凝土或抹灰基层涂刷溶剂型涂料时,含水率不得大于 8%;涂刷水性涂料时,含水率不得大于 10%;木质基层含水率不得大于 12%。

(5) 裱糊工程不宜在相对湿度过高时施工。

(6) 雨天应停止在外脚手架上施工,大雨后要对脚手架进行全面检查,并认真清扫,确认无沉降或松动后方可施工。

9.1.4 雨期施工的机械设备使用、用电与防雷

1. 机械设备使用

(1) 机电设备应采取防雨、防淹措施,安装接地装置。

(2) 在大雨后,要认真检查起重机械等高大设备的地基,如发现问题要及时采取加固措施。

(3) 雨期施工的塔式起重机的使用。

1) 自升式塔式起重机有附着装置的,在最上一道以上自由高度超过说明书设计高度的,应朝建筑物方向设置两根钢丝绳拉结。

2) 自升式塔式起重机未附着,但已达到设计说明书最大独立高度的,应设置 4 根钢丝绳对角拉结。

3) 拉结应用 $\phi15$ 以上的钢丝绳,拉结点应设在转盘以下第一个标准节的根部;拉结点处标准节内侧应采用大于标准节角钢宽度的木方作支撑,以防拉伤塔身钢结构;4 根拉结绳与塔身之间的角度应一致,控制在 45°~60°之间;钢丝绳应采用地锚、地锚筐固定或与建筑物已达到设计强度的混凝土结构联结等形式进行锚固;钢丝绳应有调整松紧度的措施,以确保塔身处于垂直状态。

4) 塔身螺栓必须全部紧固,塔身附着装置应全面检查,确保无松动、无开焊、无变形。

5) 严禁对塔式起重机前后臂进行固定,确保自由旋转。塔式起重机的避雷设施必须确保完好有效,塔式起重机电源线路必须切断。

(4) 雨期施工的龙门架(井字架)和施工用电梯的使用。

1) 有附墙装置的龙门架(井字架)物料提升机和施工用电梯,要采取措施强化附墙拉结装置。

2) 无附墙装置的物料提升机,应加大缆风绳及地锚的强度,或设置临时附墙设施等

作加固处理。

(5) 雨天不宜进行现场的露天焊接作业。

2. 用电

严格按照现行行业标准《施工现场临时用电安全技术规范》JGJ 46 以此落实临时用电的各项安全措施。

(1) 各种露天使用的电气设备应选择较高的干燥处放置。

(2) 机电设备（配电盘、闸箱、电焊机、水泵等）应有可靠的防雨措施，电焊机应加防护雨罩。

(3) 雨期前应检查照明和动力线有无混线、漏电，电线有无腐蚀，埋设是否牢靠等，防止触电事故发生。

(4) 雨期要检查现场电气设备的接零、接地保护措施是否牢靠，漏电保护装置是否灵敏，电线绝缘接头是否良好。

(5) 暴雨等危险性来临之前，施工现场临时用电除照明、排水和抢险用电外，其他电源应全部切断。

3. 防雷

(1) 防雷装置的设置范围。施工现场高出建筑物的塔式起重机、外用电梯、井字架、龙门架以及较高金属脚手架等高架设施，如果在相邻建筑物、构筑物的防雷装置保护范围以外，在表 9-3 规定的范围内，则应当按照规定设防雷装置，并经常进行检查。

施工现场内机械设备需要安装防雷装置的规定　　　　表 9-3

地区平均雷暴日（d）	机械设备高度（m）
≤15	>50
>15，≤40	>32
>40，≤90	>20
>90，及雷灾特别严重的地区	>12

如果最高机械设备上的避雷针，其保护范围按照 60°计算能够保护其他设备，且最后退出现场，其他设备可以不设置避雷装置。

(2) 防雷装置的构成及制作要求。施工现场的防雷装置一般由避雷针、接地线和接地体三部分组成。

避雷针，装在高出建筑物的塔式起重机、人货电梯、钢脚手架等的顶端。机械设备上的避雷针（接闪器）长度应当为 1~2m。

接地线，可用截面积不小于 16mm² 的铝导线，或用截面积不小于 12mm² 的铜导线，或者用直径不小于 $\phi 8$ 的圆钢，也可以利用该设备的金属结构体，但应当保证电气连接。

接地体有棒形和带形两种。棒形接地体一般采用长度 1.5m、壁厚不小于 2.5mm 的钢管或 $L5\times 50$ 的角钢。将其一端垂直打入地下，其顶端离地平面不小于 50cm，带形接地体可采用截面积不小于 50mm²，长度不小于 3m 的扁钢，平卧于地下 500mm 处。

防雷装置的避雷针、接地线和接地体必须焊接（双面焊），焊缝长度应为圆钢直径的 6 倍或扁钢厚度的 2 倍以上。

施工现场所有防雷装置的冲击接地电阻值不得大于 30Ω。

(3) 闪电打雷的时候,禁止连接导线,停止露天焊接作业。

9.1.5 雨期施工的宿舍、办公室等临时设施

(1) 工地宿舍设专人负责,进行昼夜值班,每个宿舍配备不少于2个手电筒。

(2) 加强安全教育,发现险情时,要清楚记得避险路线、避险地点和避险方法。

(3) 采用彩钢板房应有产品合格证,用作宿舍和办公室的,必须根据设置的地址及当地常年风压值等,对彩钢板房的地基进行加固,并使彩钢板房与地基牢固连接,确保房屋稳固。

(4) 当地气象部门发布强对流(台风)天气预报后,所有在砖砌临建宿舍住宿的人员必须全部撤出到达安全地点;临近海边、基坑、砖砌围挡墙及广告牌的临建住宿人员必须全部撤出;在以塔式起重机高度为半径的地面范围内的临建设施内的人员也必须全部撤出;在以塔式起重机高度为半径的地面范围内的临建设施内的人员也必须全部撤出。

(5) 大风和大雨后,应当检查临时设施地基和主体结构情况,发现问题及时处理。

9.1.6 夏季施工的卫生保健

(1) 宿舍应保持通风、干燥,有防蚊蝇措施,统一使用安全电压。生活办公设施要有专人管理,定期清扫、消毒,保持室内整齐清洁卫生。

(2) 炎热地区夏季施工应有防暑降温措施,防止中暑。

1) 中暑可分为热射病、热痉挛和日射病,在临床上往往难以严格区别,而且常以混合式出现,统称为中暑。

① 先兆中暑。在高温作业一定时间后,如大量出汗、口渴、头昏、耳鸣、胸闷、心悸、恶心、软弱无力等症状,体温正常或略有升高(不超过37.5℃),这就有发生中暑的可能性。此时如能及时离开高温环境,经短时间的休息后,症状可以消失。

② 轻度中暑。除先兆中暑症状外,如有下列症候群之一,称为轻度中暑:人的体温在38℃以上,有面色潮红、皮肤灼热等现象;有呼吸、循环衰竭的症状,如面色苍白、恶心、呕吐、大量出汗、皮肤湿冷、血压下降、脉搏快而微弱等。轻度中暑经治疗,4~5h内可恢复。

③ 重度中暑。除有轻度中暑症状外,还出现昏倒或痉挛、皮肤干燥无汗,体温在40℃以上。

2) 防暑降温应采取综合性措施

① 组织措施:合理安排作息时间,实行工间休息制度,早晚干活,中午延长休息时间等。

② 技术措施:改革工艺,减少与热源接触的机会,疏散、隔离热源。

③ 通风降温:可采用自然通风、机械通风和遮阳措施等。

④ 卫生保健措施:供给含盐饮料,补偿高温作业工人因大量出汗而损失的水分和盐分。

(3) 施工现场应供符合卫生标准的饮用水,不得多人共用一个饮水器皿。

9.2 冬期施工

在我国北方及寒冷地区的冬期施工中，由于长时间的持续低温、大的温差、强风、降雪和冰冻，施工条件较其他季节艰难的多，加之在严寒环境中作业人员穿戴较多，手脚亦皆不灵活，对工程进度、工程质量和施工安全产生严重的不良影响，必须采取附加或特殊的措施组织施工，才能保证工程建设顺利进行。

冬期施工期限划分原则是：根据当地多年气象资料统计，当室外日平均气温连续 5d 稳定低于 5℃即进入冬期施工，当室外日平均气温连续 5d 高于 5℃即解除冬期施工。

凡进行冬期施工的工程项目，应编制冬期施工专项方案。

9.2.1 冬期施工特点

(1) 冬期施工由于施工条件及环境不利，是各种安全事故多发季节。

(2) 隐蔽性、滞后性。即工程在冬天进行，大多数在第二年春季开始才暴露出来问题，因而给事故处理带来很大的难度，不仅给工种带来损失，而且影响工程使用寿命。

(3) 冬期施工的计划性和准备工作时间性强。这是由于准备工作时间短，技术要求复杂。往往有一些安全事故的发生，都是由于这一环节跟不上，仓促施工造成的。

9.2.2 冬期施工基本要求

(1) 冬期施工前两个月即应进行冬期施工战略性安排。

(2) 冬期施工前一个月即应编制好冬期施工技术措施。

(3) 冬期施工前一个月做好冬期施工材料、专用设备、能源、暂设工种等施工准备工作。

(4) 搞好相关人员技术培训和技术交底工作。

9.2.3 冬期施工的准备

1. 编制冬期施工组织设计

冬期施工组织设计，一般应在入冬前编审完毕。冬期施工组织设计，应包括下列内容：确定冬期施工的方法、工程进度计划、技术供应计划、施工劳动力供应计划、能源供应计划；冬期施工的总平面布置图（包括临建、交通、管线布置等）、防火安全措施、劳动用品；冬期施工安全措施；冬期施工各项安全技术经济指标和节能措施。

2. 组织好冬期施工安全教育培训

应根据冬期施工的特点，重新调整好机构和人员，并制定好岗位责任制，加强安全生产管理。主要应当加强保温、测温、冬期施工技术检验机构、热源管理等机构，并充实相应的人员。安排气象预报人员，了解近期、中长期天气，防止寒流突袭。对测温人员、保温人员、能源工（锅炉和电热运行人员）、管理人员组织专门的技术业务培训，学习相关知识，明确岗位责任，经考核合格方可上岗。

3. 物资准备

物资准备的内容如下：外加剂、保温材料；测温表计及工器具、劳保用品；现场管理和技术管理的表格、记录本；燃料及防冻油料；电热物资等。

4. 施工现场的准备

（1）场地要在土方冻结前平整完工，道路应畅通，并有防止路面结冰的具体措施。

（2）提前组织有关机具、外加剂、保温材料等实物进场。

（3）生产上水系统应采取防冻措施，并设专人管理，生产排水系统应畅通。

（4）搭设加热用的锅炉房、搅拌站，敷设管道，对锅炉房进行试压，对各种加热材料、设备进行检查，确保安全可靠；蒸汽管道应保温良好，保证管路系统不被冻坏。

（5）按照规划落实职工宿舍、办公室等临时设施的取暖措施。

9.2.4 分部分项工程的冬期施工

1. 土方与地基基础工程

土在冬期由于遭受冻结变的坚硬，挖掘困难；春季化冻时，由于处理不当，很容易发生坍塌，造成质量安全事故，所以土方在冬期施工，必须在技术上予以保障。

（1）爆破法破碎冻土应当注意的安全事项：

1）爆破施工要离建筑物 50m 以外，距高压电线 200m 以外。

2）爆破工作应在专业人员指挥下，由受过爆破知识和安全知识教育的人员担任。

3）爆破之前应有技术安全措施，经主管部门批准。

4）现场应设立警告标志、信号、警戒哨和指挥站等防卫危险区的设施。

5）放炮后要经过 20min 才可以前往检查。

6）遇有瞎炮，严禁掏挖或在原炮眼内重装炸药，应该在距离原炮眼 60cm 以外的地方另行打眼放炮。

7）硝化甘油类炸药在低温环境下凝固成固体，当受到振动时，极易发生爆炸，造成严重事故。因此，冬期施工不得使用硝化甘油类炸药。

（2）人工破碎冻土应当注意的安全事项：

1）注意去掉楔头打出的飞刺，以免飞出伤人。

2）掌铁楔的人与掌锤的人不能脸对着脸，应当互成 90°。

（3）机械挖掘时应当采取措施注意行进和移动过程的防滑，在坡道和冰雪路面应当缓慢行驶，上坡时不得换挡，下坡时不得空挡滑行，冰雪路面行驶不得急刹车。发动机应当搞好防冻，防止水箱冻裂。在边坡附近使用、移动机械应注意边坡可承受的载荷，防止边坡坍塌。

（4）针热法融解冻土应防止管道和外溢的蒸汽、热水烫伤作业人员。

（5）电热法融解冻土时应注意的安全事项：

1）此法进行前，必须有周密的安全措施。

2）应由电气专业人员担任通电工作。

3）电源要通过有计量器、电流、电压表、保险开关的配电盘。

4）工作地点要设置危险标志，通电时严禁靠近。

5）进入警戒区内工作时，必须先切断电源。

6）通电前工作人员应退出警戒区，再行通电。

7）夜间应有足够的照明设备。

8）当含有金属夹杂物或金属矿石时，禁止采用电热法。

（6）采用烘烤法融解冻土时，会出现明火，由于冬天风大、干燥，易引起火灾。因此，应注意安全。

1）施工作业现场周围不得有可燃物。

2）制定严格的责任制，在施工地点安排专人值班，务必做到有火就有人，不能离岗。

3）现场要准备一些砂子或其他灭火物品，以备不时之需。

（7）春融期间在冻土地基上施工。

春融期间开工前必须进行工程地质勘察，以取得地形、地貌、地物、水文及工程地质资料，确定地基的冻结深度和土的融沉类别。对有坑洼、沟槽、地物等特殊地貌的建筑场地应加点测定。开工后，对坑槽沟边坡和固壁支撑结构应当随时进行检查，深基坑应当派专人进行测量、观察边坡情况，如果发现边坡有裂缝、疏松、支撑结构折断、移动等危险征兆，应当立即采取措施。

土方回填时，每层铺土厚度应比常温施工时减少20%～25%，预留沉陷量应比常温施工时增加。对于大面积回填土和有路面的路基及其人行道范围内的平整场地填方，可采用含有冻土块的土回填，但冻土块的粒径不得大于150mm，其含量不得超过30%。铺填时冻土块应分散开，并应逐层夯实。室外的基槽（坑）或管沟可采用含有冻土块的土回填，冻土块粒径不得大于150mm，含量不得超过15%，且应均匀分布。

填方上层部位应采用未冻的或透水性好的土方回填。填方边坡的表层1m以内，不得采用含有冻土块的土填筑。室外管沟底以上500mm的范围内不得含有冻土块的土回填。

室内的基槽（坑）或管沟不得采用含有冻土块的土回填，室内地面垫层下回填的土方，填料中不得含有冻土块。

桩基施工时。当冻土层厚度超过500mm，冻土层宜采用钻孔机引孔，引孔直径不宜大于桩径20mm。振动沉管成孔施工有间歇时，宜将桩管埋入桩孔中进行保温。

桩基静荷载试验前，应将试桩周围的冻土融化或挖除。试验期间，应对试桩周围地表土和锚桩横梁支座进行保温。

2. 砌体工程

（1）冬期施工所用材料应符合下列规定：

1）砖、砌块在砌筑前，应清除表面污物、冰雪等，不得使用遭水浸和受冻后表面结冰、污染的砖或砌块。

2）砌筑砂浆宜采用普通硅酸盐水泥配制，不得使用无水泥拌制的砂浆。

3）现场拌制砂浆所用砂中不得含有直径大于10mm的冻结块或冰块。

4）石灰膏、电石渣膏等材料应有保温措施，遭冻结时应经融化后方可使用。

5）砂浆拌合水温不宜超过80℃，砂加热温度不宜超过40℃，且水泥不得与80℃以上热水直接接触；砂浆稠度宜较常温适当增大，且不得二次加水调整砂浆和易性。

（2）施工日记中应记录大气温度、暖棚内温度、砌筑时砂浆温度、外加剂掺量等有关资料。

（3）砌筑施工时，砂浆温度不应低于5℃。当设计无要求，且最低气温等于或低于−15℃时。砌体砂浆强度等级应较常温施工提高一级。

(4) 砌体采用氯盐砂浆施工,每日砌筑高度不宜超过 1.2m,墙体留置的洞口,距交接墙处不应小于 500mm。

(5) 下列情况不得采用掺氯盐的砂浆砌筑砌体:

1) 对装饰工程有特殊要求的建筑物。

2) 配筋、钢埋件无可靠防腐处理措施的砌体。

3) 接近高压电线的建筑物(如变电所、发电站等)。

4) 经常处于地下水位变化范围内,以及在地下未设防水层的结构。

(6) 暖棚法施工时,暖棚内的最低温度不应低于 5℃。砌体在暖棚内的养护时间应根据暖棚内的温度确定,并应符合表 9-4 的规定。

暖棚法施工时的砌体养护时间　　　　表 9-4

暖棚内的温度(℃)	5	10	15	20
养护时间(d)	≥6	≥5	≥4	≥3

(7) 冬期施工应注意的安全事项:

1) 脚手架、马道要有防滑措施,及时清理积雪,外脚手架要经常检查加固。

2) 施工时接触气源、热水,要防止烫伤。

3) 现场使用的锅炉、火炕等用焦炭时,应有通风条件,防止煤气中毒。

4) 现场应当建立防火组织机构,设置消防器材。

5) 防止亚硝酸钠中毒。

亚硝酸钠是冬期施工常用的防冻剂、阻锈剂,人体摄入 10mg 亚硝酸钠,即可导致死亡。由于外观、味道、溶解性等许多特征与食盐极为相似,很容易误作为食盐食用,导致中毒事故。要采取措施,加强使用管理,以防误食。

① 在施工现场尽量不单独使用亚硝酸钠作为防冻剂。

② 使用前应当召开培训会,让有关人员学会辨认亚硝酸钠(亚硝酸钠为微黄或无色,盐为纯白)。

③ 工地应当挂牌,明示亚硝酸钠为有毒物质。

④ 设专人保管及配制,建立严格的出入库手续和配制实用程序。

3. 钢筋工程

(1) 钢筋调直冷拉温度不宜低于 -20℃。预应力钢筋张拉温度不宜低于 -15℃。当环境温度低于 -20℃时,不宜进行施焊。当环境温度低于 -20℃时,不得对 HRB335、HRB400 钢筋进行冷弯加工。

(2) 雪天或施焊现场风速超过 3 级风焊接时,应采取遮蔽措施,焊接后未冷却的接头应避免碰到冰雪。

(3) 钢筋负温闪光对焊工艺应控制热影响区长度;钢筋负温电弧焊宜采取分层控温施焊;帮条接头或搭接接头的焊缝厚度不应小于钢筋直径的 30%,焊缝宽度不应小于钢筋直径的 70%。

(4) 电渣压力焊焊接前,应进行现场负温条件下的焊接工艺试验,经检验满足要求后方可正式作业;焊接完毕,应停歇 20s 以上,方可卸下夹具回收焊剂,回收的焊剂内不得混入冰雪,接头渣壳应待冷却后清理。

(5) 钢筋工程冬期施工应注意的安全事项

金属具有冷脆性,加工钢筋时应注意:

1) 冷拔、冷拉钢筋时,防止钢筋断裂伤人。

2) 检查预应力夹具有无裂纹,由于负温下有裂纹的预应力夹具,很容易出现碎裂飞出伤人。

3) 防止预制构件中钢筋吊环发生脆断,造成安全事故。

4. 混凝土工程

(1) 冬期施工配制混凝土宜选用硅酸盐水泥或普通硅酸盐水泥。采用蒸汽养护时,宜选用矿渣硅酸盐水泥。

(2) 冬期施工混凝土配合比应根据施工期间环境气温、原材料、养护方法、混凝土性能要求等经试验确定,并宜选择较小的水胶比和坍落度。

(3) 冬期施工混凝土搅拌前,原材料的预热应符合下列规定:

1) 宜加热拌合水。当仅加热拌合水不能满足热工计算要求时,可加热骨料。拌合水与骨料的加热温度可通过热工计算确定,加热温度不应超过表9-5的规定;

拌合水及骨料最高加热温度表(℃) 表 9-5

水泥强度等级	拌合水	骨料
42.5R 以下	80	60
42.5、42.5R 及以上	60	40

2) 水泥、外加剂、矿物掺合料不得直接加热,应事先贮于暖棚内预热。

(4) 混凝土拌合物的出机温度不宜低于10℃,入模温度不应低于5℃;对预拌混凝土或需远距离输送的混凝土,混凝土拌合物的出机温度可根据运输和输送距离经热工计算确定,但不宜低于15℃。大体积混凝土的入模温度可根据实际情况适当降低。

(5) 混凝土浇筑后,对裸露表面应采取防风、保湿、保温措施,对边、棱角及易受冻部位应加强保温。在混凝土养护和越冬期间,不得直接对负温混凝土表面浇水养护。

(6) 施工期间的测温项目与频次应符合表9-6规定。

施工期间的测温项目与频次表 表 9-6

测温项目	频次
室外气温	测量最高、最低气温
环境温度	每昼夜不少于4次
搅拌机棚温度	每一工作班不少于4次
水、水泥、矿物掺合料、砂、石及外加剂溶液温度	每一工作班不少于4次
混凝土出机、浇筑、入模温度	每一工作班不少于4次

(7) 混凝土养护期间的温度测量应符合下列规定:

1) 采用蓄热法或综合蓄热法时,在达到受冻临界强度之前应每隔4~6h测量一次。

2) 采用负温养护法时,在达到受冻临界强度之前应每隔2h测量一次。

3) 采用加热法时,升温和降温阶段应每隔1h测量一次,恒温阶段每隔2h测量一次。

4）混凝土在达到受冻临界强度后，可停止测温。

（8）拆模时混凝土表面与环境温差大于20℃时，混凝土表面应及时覆盖，缓慢冷却。

（9）冬期施工混凝土强度试件的留置应增设与结构同条件养护试件，养护试件不应少于2组。同条件养护试件应在解冻后进行试验。

（10）冬期混凝土施工应注意的安全事项

1）当温度低于-20℃时，严禁对低合金钢筋进行冷弯，以避免在钢筋弯点处发生强化，造成钢筋脆断。

2）蓄热法加热砂石时，若采用炉灶焙烤，操作人员应穿隔热鞋，若采用锯末生石灰蓄热，则应选择安全配合比，经试验证明无误后，方可使用。

3）电热法养护混凝土时，应注意用电安全。

4）采用暖棚法以火炉为热源时，应注意加强消防和防止煤气中毒。

5）调拌化学附加剂时，应配戴口罩、手套，防止吸入有害气体和刺激皮肤。

6）蒸汽养护的临时采暖锅炉应有出厂证明。安装时，必须按标准图进行，三大安全附件应灵敏可靠，安装完毕后，应按各项规定进行检验，经验收合格后方允许正式使用；同时，锅炉的值班人员应建立严格的交接班制度，遵守安全操作要求操作；司炉人员应经专门训练，考试合格后方可上岗；值班期间严禁饮酒、打牌、睡觉和撤离职守。

7）各种有毒的物品、油料、氧气、乙炔（电石）等应设专库存放、专人管理，并建立严格的领发料制度，特别是亚硝酸钠等有毒物品，要加强保管，以防误食中毒。

8）混凝土必须满足强度要求方准拆模。

5. 钢结构工程

（1）冬期施工宜采用Q345钢、Q390钢、Q420钢，负温下施工用钢材，应进行负温冲击韧性试验，合格后方可使用。

（2）钢结构在负温下放样时，切割、铣刨的尺寸，应考虑负温对钢材收缩的影响。

（3）普通碳素结构钢工作地点温度低于-20℃、低合金钢工作地点温度低于-15℃时不得剪切、冲孔，普通碳素结构钢工作地点温度低于-16℃、低合金结构钢工作地点温度低于-12℃时不得进行冷矫正和冷弯曲。当工作地点温度低于-30℃时，不宜进行现场火焰切割作业。

（4）焊接作业区环境温度低于0℃时，应将构件焊接区各方向大于或等于2倍钢板厚度且不小于100mm范围内的母材，加热到20℃以上时方可施焊，且在焊接过程中均不得低于20℃。

（5）当焊接场地环境温度低于-15℃时，应适当提高焊机的电流强度。每降低3℃，焊接电流应提高2%。

（6）低于0℃的钢构件上涂刷防腐或防火涂层前，应进行涂刷工艺试验。可用热风或红外线照射干燥，干燥温度和时间应由试验确定。雨雪天气或构件上有薄冰时不得进行涂刷工作。

（7）钢结构焊接加固时，应由对应类别合格的焊工施焊；施焊镇静钢板的厚度不大于30mm时，环境空气温度不应低于-15℃，当厚度超过30mm时，温度不应低于0℃；当施焊沸腾钢板时，环境空气温度应高于5℃。

（8）栓钉施焊环境温度低于0℃时、打弯试验的数量应增加1%；当栓钉采用手工电弧焊或其他保护性电弧焊焊接时,其预热温度应符合相应工艺的要求。

6. 建筑装饰装修工程的冬期施工

(1) 室内抹灰,块料装饰工程施工与养护期间的温度不应低于5℃。

(2) 油漆、刷浆、裱糊、玻璃工程应在采暖条件下进行施工。当需要在室外施工时,其最低环境温度不应低于5℃。

(3) 室外喷、涂、刷油漆、高级涂料时应保持施工均衡。粉浆类料浆宜采用热水配制,随用随配并应将料浆保温,料浆使用温度宜保持15℃左右。

(4) 塑料门窗当在不大于0℃的环境中存放时,与热源的距离不应小于1m。安装前应在室温下放置24h。

9.2.5 冬期施工起重机械设备的安全使用

(1) 大雪、轨道电缆结冰和6级以上大风等恶劣天气,应当停止垂直运输作业,并将吊笼降到底层(或地面),切断电源。

(2) 遇到大风天气应将俯仰变幅塔式起重机的臂杆降到安全位置并与塔身锁紧,轨道式塔式起重机,应当卡紧夹轨钳。

(3) 暴风天气塔式起重机要做加固措施,风后经全面检查,方可继续使用。

(4) 风雪过后作业,应当检查安全保险装置并先试吊,确认无异常方可作业。

(5) 井字架、龙门架、塔式起重机等缆风绳地锚应当埋置在冻土层以下,防止春季冻土融化,地锚锚固作用降低,地锚拔出,造成架体倒塌事故。

(6) 塔式起重机路轨不得铺设在冻胀性土层上,防止土壤冻胀或春季融化,造成路基起伏不平,影响塔式起重机的使用,甚至发生安全事故。

(7) 春季冻土融化,应当随时观察塔式起重机等起重机械设备的基础是否发生沉降。

9.2.6 冬期施工防火要求

冬期施工现场使用明火处较多,管理不善很容易发生火灾,必须加强用火管理。

(1) 施工现场临时用火,要建立用火证制度,由工地安全负责人审批。

(2) 明火操作地点要有专人看管,明火看管人的主要职责:

1) 注意清除火源附近的易燃、易爆物,不易清除时,可用水浇湿或用阻燃物覆盖。

2) 检查高处用火,焊接作业要有石棉防护或用接火盘接住火花。

3) 检查消防器材的配置和工作状态情况。

4) 检查木工棚、库房、喷漆车间、油漆配料车间等场所,此类场所不得用火炉取暖,周围15m内不得有明火作业。

5) 施工作业完毕后,对用火地点详细检查,确保无死灰复燃,方可撤离岗位。

(3) 供暖锅炉房及操作人员的防火要求:

1) 锅炉房宜建造在施工现场的下风方向,远离在建工程以及易燃、可燃材料堆场、料库等。

2) 锅炉房应不低于二级耐火等级。

3) 锅炉房的门应向外开启。

4) 锅炉正面与墙的距离应不小于3m,锅炉与锅炉之间应保持不小于1m的距离。

5) 锅炉房应有适当通风和采光，锅炉上的安全设备应保持良好状态并有照明。

6) 锅炉烟道和烟囱与可燃构件应保持一定的距离，金属烟囱距可燃结构不小于100cm，距已做防火保护层的可燃结构不小于70cm；未采取消烟除尘措施的锅炉，其烟囱应设防火星帽。

7) 司炉工应当经培训合格持证上岗。

8) 应当制定严格的司炉值班制度，锅炉开火以后，司炉人员不准离开工作岗位，值班时间不允许睡觉或做无关的事。

9) 司炉人员下班时，须向下班做好交接班，并记录锅炉运行情况。

10) 禁止使用易燃、可燃液体点火。

11) 炉灰倒在指定地点。

(4) 炉火安装与使用的防火要求：

1) 油漆、喷漆、油漆调料间以及木工房、料库等，禁止使用火炉采暖。

2) 金属与砖砌火炉，必须完整良好，不得有裂缝；砖砌火炉壁厚不得小于30cm。

3) 金属火炉与可燃、易燃材料的距离不得小于100cm，已做保护层的火炉距可燃物的距离不得小于70cm。

4) 没有烟囱的火炉上方不得有可燃物，必要时须架设铁板等非燃材料隔热，其隔热板应比炉顶外围的每一边都多出15cm以上。

5) 火炉应根据需要设置高出炉身的火挡，在木地板上安装火炉，必须设置炉盘。

6) 金属烟囱一节插入另一节的尺寸不得小于烟囱的半径，衔接地方要牢固。

7) 金属烟囱与可燃物的距离不得小于30cm，穿过板壁、窗户、挡风墙、暖棚等必须设铁板；从烟囱周边到铁板外边缘尺寸，不得小于5cm。

8) 火炉的炉身、烟囱和烟囱出口等部分与电源线和电气设备应保持50cm以上的距离。

9) 炉火必须由受过安全消防常识教育的专人看守。

10) 移动各种加热火炉时，必须先将火熄灭后方准移动。

11) 掏出的炉灰必须随时用水浇灭后倒在指定地点。

12) 禁止用易燃、可燃液体点火。

13) 不准在火炉上熬炼油料、烘烤易燃物品。

(5) 冬期消防器材的保温防冻

1) 室外消火栓。冬期施工工地，应尽量安装地下消火栓，在入冬前应进行一次试水，加少量润滑油，消火栓用草帘、锯末等覆盖，做好保温工作，以防冻结。冬天下雪时，应及时扫除消火栓上的积雪，以免雪化后将消火栓井盖冻住。高层临时消防水管应进行保温或将水放空，消防水泵内应考虑采暖措施，以免冻结。

2) 消防水池。入冬前，应做好消防水池的保温工作，随时进行检查，发现冻结时应进行破冻处理。

3) 轻便消防器材。入冬前应将泡沫灭火器、清水灭火器等放入有采暖的地方，并套上保温套。

10 机械伤害事故案例

本章要点：井架坠落事故案例的基本概况、现场查勘情况的技术分析及提出相关建议。

某井架坠落事故分析及建议

物料提升机（以下简称"井架"）作为一种垂直运输设备，具有使用方便、造价低廉等特点，在建筑施工中得到广泛应用。随着建筑业快速发展，井架的使用量日益增加，井架在安装、使用、拆卸过程中的安全事故也时常发生。本案例分析了杭州某施工项目一起井架坠落的原因，并提出了一些建议。

10.1 事故概况

2010年8月，杭州某小区因外立面改造需安装一台井架。但在安装调试过程中，井架发生了吊笼坠落事故，并造成1人死亡。资料显示，该井架型号为JJS-100，于2004年2月出厂，额定提升重量为1000kg，最大提升高度60m，防坠装置最大制动距离为250~1200mm。

据目击者称，事发时电工（即死者）正在吊笼顶上安装调试。当吊笼提升至3~4层楼高（约12m）时，井架发出异响，而后电工连同吊笼一起从高处坠落。据悉，该安装单位已经具备机电设备安装工程专业承包一级资质，安拆人员也具有相关证书，不存在超资质违规安装情况。

10.2 现场查勘

在事故现场发现，井架的吊笼和配重箱均坠落在地（如图10-1所示），而与基础连接的曳引机却悬挂在井架半空中（如图10-2所示），与曳引机连接的基础（如图10-3所示）。

图10-1 坠落的吊笼及配重箱

图10-2 被拉起的曳引机

图 10-3　用于连接曳引机的基础

10.3　技　术　分　析

1. 对井架基础分析

从图 10-2 可知，事发现场曳引机与基础已发生脱离，并被曳引钢丝绳拉至半空。对井架基础连接作进一步分析可以推测出井架发生事故是由基础与曳引机连接不可靠造成的。根据产品使用说明书中对井架基础的要求再与现场（如图 10-3 所示）比较，可发现以下问题：

（1）根据使用说明书要求，曳引机与基础连接应由 8 根 16-φ16 规格的预埋杆按预埋图的尺寸位置准确布置；而在现场，基础与曳引机连接的基础上只有 4 根预埋杆。

（2）按照要求，与曳引机连接的基础其厚度为 600mm，其他基础厚度为 300mm；从现场情况来看，与曳引机连接的基础厚度严重不符合要求。

（3）产品使用说明书对基础的要求明确指出要有钢筋 Φ6@200 布置；从现场基础断面来看，混凝土浇筑的基础未见钢筋网在其中。

从以上分析可知，井架基础未按照使用说明书中的要求浇筑是导致基础破坏、事故发生的直接原因。

2. 对防坠落安全装置分析

JJS-100 型井架具有吊笼防坠落安全装置。根据使用说明书对防坠落装置的要求，最大制动距离应该在 0.25～1.2m 之间。事发时吊笼已经升至约 12m 高处，当吊笼坠落时该防坠落安全装置未起作用，应对防坠落安全装置进一步分析。如图 10-4 所示，为吊笼顶上安装的 1 对防坠落安全装置。

在防坠安全装置可靠的情况下，即使曳引机脱离井架基础也不会导致吊笼

图 10-4　防坠落安全装置

坠落至地。现场证实，这对防坠安全装置在安装前没有进行保养，也没做防坠落试验。说明书中明确指出：防坠安全装置动作机构应灵敏、可靠，动作机构产生的锈蚀或存在的污物应及时清理或更换。还要对防坠安全装置进行模拟断绳试验，确保其制动距离符合要求。由图 10-4 所示的 1 对防坠安全装置，可以看出有锈蚀且有污物没有清理，也没能提供防坠落试验记录。吊笼坠落时，防坠落装置不起作用，也是导致事故发生的一个重要原因。

3. 存在其他的安全隐患

对现场井架安装情况勘察，还能发现多处安装不规范地方：

图 10-5　停靠防坠装置

（1）停靠防坠装置无效

正常情况下，在吊笼门打开后停靠防坠装置的搁脚自动弹出搁置井架上，防止吊笼坠落。在事故现场，吊笼门已打开（图 10-5），而此时停靠装置的搁脚确没能搁在井架上。

（2）基础与井架连接不规范

基础连接也没能按使用说明书要求。如图 10-6 所示，预埋杆附近基础有损坏、裂纹出现，井架与基础连接也不规范，如采用木块垫平等措施。

（3）曳引钢丝绳数不足

该井架只有 4 根曳引钢丝绳，而实际要求是要求穿绕 5 根曳引钢丝绳。在其他条件不变的情况下，曳引钢丝绳数减小会减弱吊笼的提升能力。如图 10-7 所示。

图 10-6　基础连接情况

（4）防护栏设置不规范

事故井架只是用脚手架钢管简单的包围做防护。

（5）未设置严禁载人等警示标志

在吊笼门出入口未设置醒目的"严禁载人！"、"额定载重量 1000kg"等警示标志。

图 10-7　缺少曳引钢丝绳

10.4　事故分析结论

吊笼在上升运行过程中，由于基础浇筑不规范，曳引钢丝绳产生的曳引力把曳引基础破坏，而后出现曳引机与基座基础分离，分离后曳引钢丝绳变松弛使吊笼失去曳引力后出现坠落，此时防坠落安全装置也没能起作用，最终导致事故的发生。事故原因主要是由井架基础没能严格按照厂家使用说明书要求浇筑以及防坠安全装置不可靠造成的。

10.5　建　　议

通过此次事故分析，专家对井架的安装提出以下建议：

1. 井架安装应严格按照要求实行，不允许凭工人经验安装和拆卸，更不允许偷工减料。特别是在旧城改造工程中，由于受施工场地的限制，这种现象经常存在。没法正常安装时，安装单位应邀请相关专家商榷并提出可行性方案。这样可以确保井架在安装、使用、拆卸过程中的安全。

2. 提高工人安全意识，对井架安装过程中存在的安全隐患应逐一排查。从技术分析中可知，事故中井架在安装上本身存在许多安全隐患，安装工人也可能意识到了，但没按照能重视，没按照规范操作安装。

3. 事故中操作井架师傅并非安装单位人员，也没有相应的操作证。这样在遇到紧急情况时，无法采取正确措施。所以在安装（拆卸）过程中必须有统一指挥，有专人负责。

参 考 文 献

[1] 卜一德. 建筑安全工程师实用手册. 北京：中国建筑工业出版社，2006.
[2] 张晓艳. 安全员岗位实务知识. 北京：中国建筑工业出版社，2012.
[3] 北京市建设教育协会. 建筑施工现场安全生产管理手册. 北京：中国建材工业出版社，2012.
[4] 罗凯. 建筑工程施工项目专职安全员指导手册. 北京：中国建筑工业出版社，2008.
[5] 全国一级建造师考试用书编写委员会. 建筑工程管理与实务. 北京：中国建筑工业出版社，2015.
[6] 住房和城乡建设部工程质量安全监管司. 建设工程安全生产技术. 北京：中国建筑工业出版社，2008.
[7] 中国安全生产协会注册安全工程师工作委员会，中国安全生产科学研究院. 安全生产技术. 北京：中国大百科全书出版社，2015.
[8] 李波. 施工员岗位实务知识. 北京：中国建筑工业出版社，2012.
[9] 艾伟杰. 设备安装起重工. 北京：中国建筑工业出版社，2013.
[10] 阚咏梅. 木工. 北京：中国建筑工业出版社，2015.
[11] 张囡囡. 混凝土工. 北京：中国建筑工业出版社，2015.